LUMINAIRE
光启

守望思想　逐光启航

# 建筑里的罗马

# ROME

ANDREW LEACH

[新西兰] 安德鲁·里奇 著　傅婧瑛 译

上海人民出版社　LUMINAIRE 光启

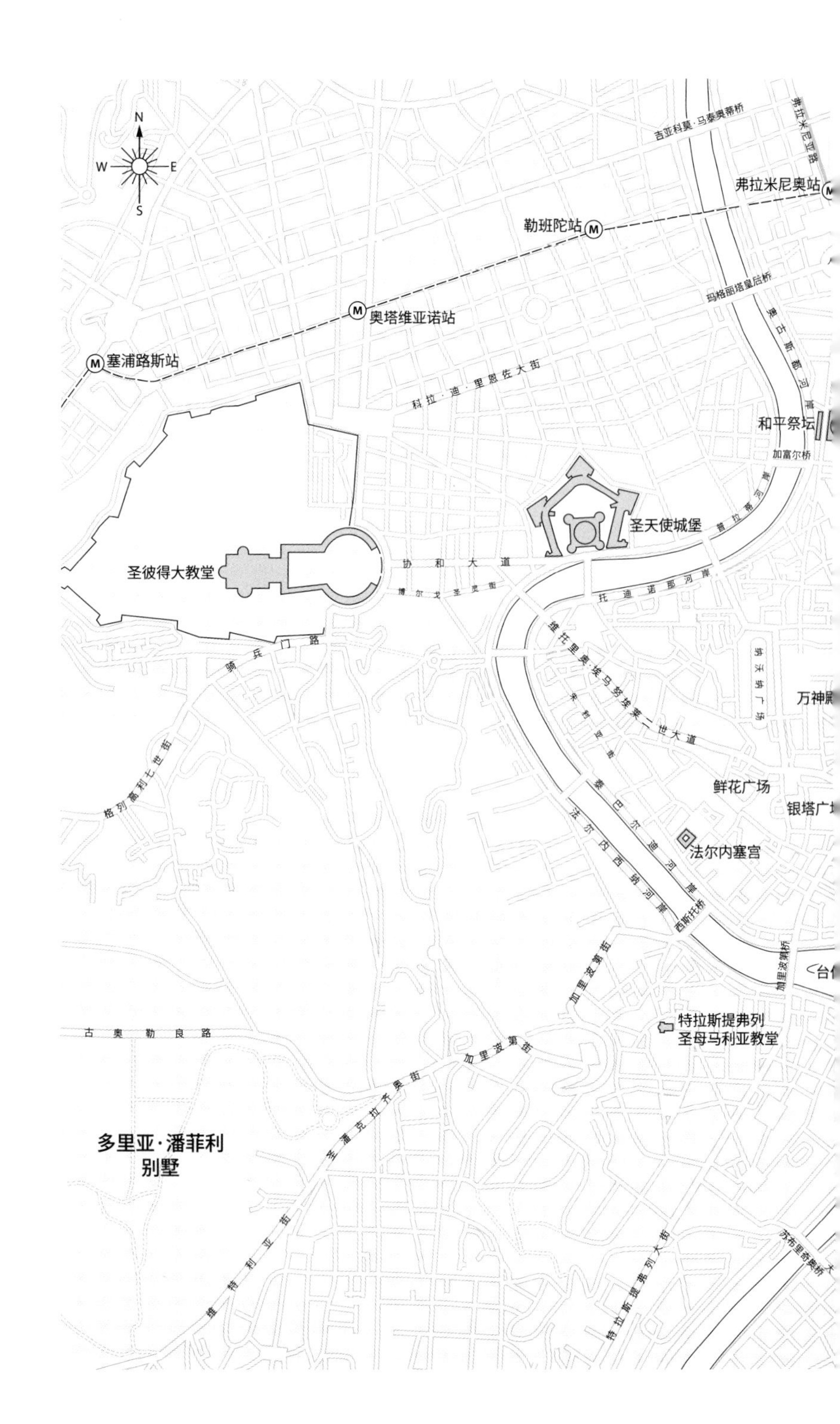
N
W
E
S
吉亚科莫·马泰奥蒂桥
弗拉米尼亚路
弗拉米尼奥站
勒班陀站
奥塔维亚诺站
塞浦路斯站
玛格丽塔皇后桥
奥古斯都河岸
科拉·迪·里恩佐大街
和平祭坛
加富尔桥
圣天使城堡
普拉蒂河岸
圣彼得大教堂
协和大道
博尔戈圣灵街
托迪诺那河岸
骑兵门路
维托里奥·埃马努埃莱二世大道
朱利亚街
纳沃纳广场
万神殿
格列高利七世街
鲜花广场
银塔广场
桑巴尔迪河岸
法尔内塞宫
法尔内西纳河岸
西斯托桥
加里波第桥
加里波第街
特拉斯提弗列
圣母马利亚教堂
古奥勒良路
加里波第街
圣潘克拉齐奥街
多里亚·潘菲利
别墅
维特利亚街
特拉斯提弗列大街
苏布里奇奥桥

博尔盖塞别墅
西班牙广场站
西班牙阶梯
巴贝里尼站
共和国广场站
罗马国家博物馆
戴克里先浴场
卡斯特罗·比勒陀利奥站
特米尼车站
特米尼站
奎里纳尔宫
蒙特奇特利欧宫
特莱维喷泉
圣母大殿
维托里奥·埃马努埃莱二世纪念堂
加富尔街站
维托里奥·埃马努埃莱站
卡比托利欧博物馆
古罗马广场
新巴西利卡
罗马斗兽场站
提图斯凯旋门
君士坦丁凯旋门
帕拉蒂尼山
曼佐尼站
拉特兰宫
拉特兰圣约翰大教堂
马克西姆斯竞技场
马克西姆斯竞技场站
意大利大道
九月二十日街
加富尔街
梅鲁拉纳街
拉比加纳路
0 200 400 600 800 1000 米

# 序言

若要给罗马写一份简史，那么起笔的时间点应该落在当下。这并非是因为，或者说不只是因为“世界史就是世界的法庭”（席勒语），而是因为像这样的一本书，理应（而且经常如此）以借口、告诫与保证为开篇，好让作者不必为接下来的内容承担责任。当然，这本书也存在局限，尤其是要放弃大量内容，才能将一座拥有近三千年历史的城市浓缩在一本小书里。罗马是专家和爱好者的游乐场，也是学者的无底洞。罗马配得上这本书里的每一个字，但需要读者即使发现书中的种种缺点，也能以内容为基础，通过自身或他人的经历，构建自己心目中的罗马城市史。从各方面来说，我把它写成了本人心目中初次到访罗马时想要看的理想读物，融入多年来我对罗马的研究。

一个多世纪前，杰西·本尼迪克·卡特在对美国哲学学会发表演讲时表示："人们写罗马史时，通常很少涉及物质和有形的层面，即罗马城本身。地形学作者又总是把古罗马的建筑和广场看作空荡荡的舞台和表演的空间，而他们本人从专业上对那些表演又毫无兴趣。"[1]在那之后，尽管很多学者反驳过卡特的观点，但他的告诫仍值得我们关注。当我埋首于一系列关于罗马城市肌理的资料时，心中一直想着卡特的观点，不管过去还是现在，正是罗马的城市肌理将罗马的历史呈现在了人们眼前。要达成这一点，方式有很多。可以说，世界上没有任何一座城市，其历史的丰富程度能与罗马相提并论。对于书中涉及的经济、人口、宗教、神话、水、家庭、政治、社会、艺术与文化等话题，我已知无不言，言无不尽。我尽可能地广泛涉猎，深入探索，也回溯一路探寻的过程，好让读者能以我的文字为线索继续发掘信息。可我的专业领域是建筑史，所以我用建筑、历史遗迹、城市街道及其背后的建造意图，为读者勾勒出一系列历史速写，帮助读者了解罗马这座城市如何形成，以及如何被历史塑造。大多数去过罗马的人会本能地领会到，这座古老城市中的建筑，就是人们触达过去的媒介。书中证实了这一点。

这本书呈现出来的罗马，需要活在当下、每一瞬间都在过着现代生活的我们，去和历史相遇。我的写作目标尽管实现起来困难，本意却很简单，那就是带读者踏上一段快速了解城市建筑的旅程——不管这些建筑现存与否、可见与否，以便读者独自与罗马邂逅。本书试图协调现实中的罗马——你可以踏足、观察或者边走边自拍的罗马，与你想象或联想到的罗马形象之间的差距。它不是旅游指南，但我希望它能为游客及旅行者提供一些信息。它既可以成为一段旅行的起点，也可以作为扶手椅边的读物，让你一边阅读，一边畅想书中的内容。

过去大批旅行者需要克服陆地与海洋上的种种危险，才能在罗马获得回报，而我们要幸运得多。如今，使用3D地图软件，人人都能较为清楚地了解现代罗马的地形地貌（我选择的是苹果地图），小说和电影等外部体验也不断丰富着我们对这座城市的认识。对有些人来说，他们必须亲眼看到罗马才觉得它可信，而对其他人而言，罗马会让他们最大程度地发挥个人想象力。虽然在罗马的形象与人工痕迹之间，存在大量可供解读的空间，但是不管选择哪条路，总会留下更多未被探索的路。罗马的永恒是显而易见的，这固然值得推崇，但崇敬之情不能过于狂热，因为还要适度考虑到，罗马的历史是永远朝着当下前进的。

这本书参考了大量资料，也提到了很多建筑物、人物、艺术品以及地形地貌。书中出现的事实、数据以及人物，仅限于理解书中内容所必需的范围。本书最后的年表是对历史上关键事件的线性记录，有的事件之间可能隔了几百年。我最希望这本小书能够吸引读者关注那些更为细致的研究，在更多地了解了这座城市丰富的艺术、社会、都市生活及文化历史的相关内容后，读者（或者游客）可以通过这座伟大城市的细节，深度感受罗马的魅力。

这本书并不好写，而且很费时间。政体出版社的安德里亚·德鲁甘认为写作“世界城市历史”系列作品很有前景，点燃了我最初的写作热情；埃利奥特·卡斯塔特接替安德里亚的工作，在我慢吞吞地写作时耐心等待；帕斯卡尔·波尔舍龙、艾伦·麦克唐纳-克雷默及因迪亚·达斯利则在我跨过终点线时为我加油喝彩。我要感谢他们每个人，感谢他们聪慧的建议和无尽的宽容。贾斯汀·戴尔审慎的编辑工作对这本书至关重要。除政体出版社外，有太多人为这本书提供了建议与想法，如果提及个人的名字，我会犯下难免有所遗漏的重大错误。我无比感激朋友、同事、审稿人以及家人提出的建议，无论读者在书中发现什么错误，都与他们无关。我希望通过写作这本书去分享罗马的悠久历史，提供了解这座城市的起点，让这本书成为陪伴读者探索罗马的手边读物。从这个角度说，我在罗马时一直陪伴我的鲁思和阿梅莉亚值得特别致意——我在罗马的经历因为她们而更加美好。

# 目录

# 引言

# 关于观看的思考

概述 / 最高级的艺术作品 / 轨迹 /
从类比到体验 / 关于罗马的书

# 概　述

该从哪儿开始呢？站在博尔盖塞别墅花园里靠近美第奇别墅的墙边，你能将古老的战神广场乃至整座罗马城尽收眼底。比起爬上几百级台阶，到达圣彼得大教堂亮起灯的穹顶之下，站在这里才更像是在站在了罗马的上方——何况，在这儿你还能看到大教堂这一壮观的历史建筑。从西向南眺望，你可以依次辨认出远处的建筑：除了圣彼得大教堂（图0.1中的1），你还能在右边看到两座敬献给圣母马利亚的教堂（图0.1中的2和3），这两座教堂在巨大的人民广场旁比邻而立；让人意外的是，科尔索大道上圣卡洛教堂的壮观穹顶（图0.1中的4）也在视野之中；更远处，万神殿（图0.1中的6）的轮廓隐约可见；视线再往下走一点儿，可以看到狒狒街上圣公会诸圣堂的维多利亚式尖顶（图0.1中的5）；你能看到的最远处，是为纪念维托里奥·埃马努埃莱二世而建的纪念堂（图0.1中的7）。埃马努埃莱二世是撒丁岛的国王，后来他

图0.1　站在苹丘上俯瞰罗马。

统一了意大利，成为现代意大利的第一任国王。群山之下，环形高速公路蜿蜒地伸向远处，将你带入由大理石、石膏和水泥聚集而成的城市。那些我们以为让罗马成为罗马的历史建筑——圣彼得大教堂、万神殿和维托里亚诺，并非独立于这座城市的时间与空间，它们只是这座城市庞杂肌理中的亮点罢了。

## 最高级的艺术作品

此处是观察罗马的几个最佳地点之一，站在这里，即便

有很多地方目不能及，即便20世纪的现代城市早已越过分隔城区与郊区的奥勒良城墙，融入了古老的罗马，我们仍可将罗马的某些部分当作单一的复杂整体去欣赏。19世纪末，当时城市还在扩张，柏林人格奥尔格·齐美尔对罗马进行深入思考，写下了一篇见解深刻的现代沉思录，记录了罗马给他留下的“牢不可破的印象”。作为一座有着数个世纪历史沉淀的城市，罗马城中数不清的文化，以无数种方式交织在一起，这本该是一番混乱的景象，可罗马并不在意自己的过去，正如罗马城内丰富多样的区域不在意自身所构成的整座城市一样。

> 在这里，一代又一代人在彼此身边，甚至在彼此头顶上创造并生产，他们根本不在乎（事实上也没有完全理解）过去发生了什么，他们只顾及自己的日常需求，只在意当时的品位与心情。诞生了什么，又延续了什么，这一切的发生全凭偶然。偶然的机缘决定了什么会腐朽，什么会被保留，什么能融合在一起，什么会发生不和谐的碰撞。[1]

理解罗马，并不是将其一层层剥开。在这里，历史不规则地堆积在一起。齐美尔告诉我们，罗马那深邃的美丽，在于“各部分的随性与整体美感之间那宽广而和谐的距离”。[2]城市里随处可以看到被绳子围起来的考古发掘现场，到处都是被脚手架包裹、充满着时间侵蚀痕迹的建筑（暂未用于广告宣传）。纪念碑是庸俗的，而难免此“俗”的罗马城反倒让历史一如既往、自顾自地建立在更糟的历史之上。齐美尔称之为“最高级的艺术作品”，仿佛一次又一次的洪水留下沉积物般不断积累，一个又一个皇帝，一个又一个教皇，不断调整建筑的地平面，也改变了建筑对于参观者的意义。某种程度上，罗马的地形是其古老历史的产物，互相毗邻的建筑有可能位于全然不同的高度。齐美尔写道：“罗马之所以让人觉得无与伦比，是因为那些区分了不同时代、风格、个性及生活的东西，虽然它们留下的痕迹在时间跨度上比其他任何地方都大，但在这里却融合为一个整体、一种情绪，一种不同于世界其他任何地方的归属感。”可我们在这里找到的统一感，最初并没有什么精心的设计：“罗马被建成的形态，成功地将其自身的偶然性、强烈对比性及缺乏原则性……转变为一个明显紧密的整体。”通过时间形成的整体强化（“有效、让人印象深刻且大范围”）在不同元素之间形成了区分。[3]罗马强迫当下与过去共存，也通过这种方式与历史达成妥协。罗马不是一座冻结了时光、到处都是遗址的城市，罗马是一种对历史的体验。

虽然自罗马人把奎里纳尔山定为城市的东北边界，已经过了很多个世纪，可是只要站在城市南部望过去，眼前的景象就诠释了齐美尔的文字。19世纪的民族街是一条繁忙的长街，几乎在戴克里先浴场和图拉真市场及帝国广场之间画出了一条直线。如果在中途停下，看向通往奎里纳尔宫的斜坡，我们可以一下子看到很多景观。米兰街与民族街形成直角，最后汇入翁贝托1号隧道（图0.2中的1）。这条隧道修建于20世纪初，目的是让罗马实现交通的现代化，它还出现在了维托里奥·德西卡1948年的电影《偷自行车的人》中，主角安东尼奥在影片中不断寻找自己被偷的自行车。人们可以沿着19世纪建成的展览宫（图0.2中的2）一旁的台阶，走向奎里纳尔宫（图0.2中的3）。在街区的另一端，人们也可以沿着热那亚街上山，到达位于两座巴洛克风格教堂中间的几座质朴花园。这两座教堂——奎里纳尔山圣安德烈教堂（图0.2中的4）和四喷泉圣卡洛教堂（图0.2中的5），象征着17世纪吉安·洛伦佐·贝尼尼和弗朗切斯科·博罗米尼的艺术之争。这里的街角处有一栋平平无奇的多层建筑，它的风格轻松融入了民族街，这样一来就挡住了20世纪30年代由伊尼亚齐奥·圭迪设计的一栋现代主义风格消防站（图0.2中的6）。可在这栋建筑的展示窗与庞大的新古典主义风格的展览宫之间，却有一座建于5世纪的古老教堂，与周围建筑、街道及背景显得格格不入，比城市5世纪的土地基准面低了大约2米。这个有着三角屋顶与拱形门廊的教堂叫作圣维塔莱教堂，走进这个街区大约60米就能看到，千年来它经历过大量的重修改造，反映了罗马基督教化的历史变迁。这座教堂让人想起了罗马的早期历史，而在它周围，游客在购物，大巴车与消防车高速穿行，骑手们将摩托车停在这里，各种各样的展览昙花一现，生活大体在继续。在这里，人们很难真正体验到历史重压在肩膀上的感觉。

想象一下齐美尔接受以上现实的样子，就在他写下前面那段文字的年代，城市景观正被建造出来。现代电影技术已经让我们适应了现状，我们能够接受罗马极其古老的遗存与

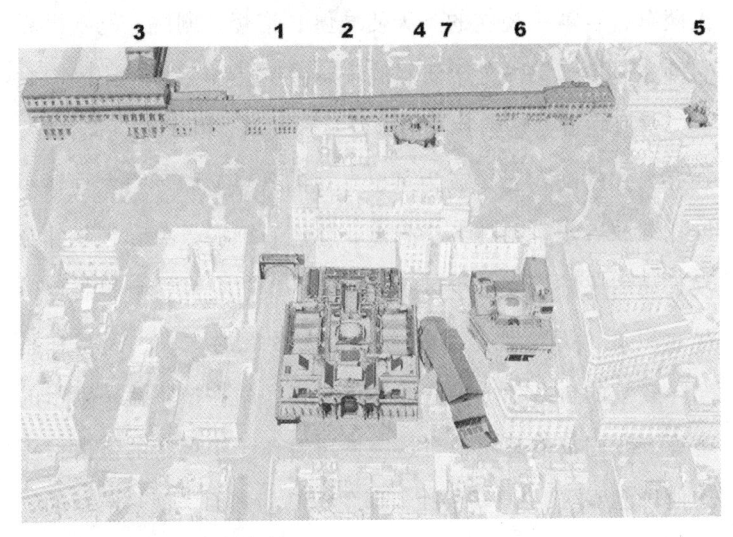


图0.2 从北看向奎里纳尔宫。

其最新形象之间的不协调感。但齐美尔的思考并非来自城市表面呈现的状态，而是来自在城市行走后的感受。如果没有提前做足攻略，初次到访者很有可能忽略以下某个目的地：漫步古老的竞技场；徒步走到巴贝里尼广场上的四喷泉处；沿着亚壁古道行走，路过罗马帝国时代的建筑物遗迹，以及标志着显赫地位的地下墓穴；古罗马斗兽场、特莱维喷泉、万神殿、纳沃纳广场；圣彼得大教堂、装饰着由贝尼尼雕刻的天使的圣天使桥及其连接着台伯河西岸的哈德良皇帝的巨大陵墓，也就是现在的圣天使城堡；浴场、剧院、马戏团和教堂；还有罗马城外蒂沃利的埃斯特别墅和哈德良别墅。

这些在旅游明信片上随处可见的建筑，既宏大，又日常，在齐美尔的时代已经成为可以参观的景点。如今租上一辆小摩托车或者步行前往各个景点，你能看到的景象和当年那个漫长的周末并没有多少区别。不管齐美尔究竟在哪里将罗马尽收眼底，无论他是站在圣彼得大教堂的灯下，还是在圣三一教堂的台阶上，抑或跟我们一样，站在博尔盖塞别墅的边缘，我们都能想象他将这座城市看作一个稠密的整体，正如他自己所写："罗马最让人印象深刻的画面，便是浩瀚的统一体……它不会被自身要素的巨大张力撕裂。"[4]

## 轨　迹

若要对罗马形成第一印象，电影是我们的朋友。如果说齐美尔为我们提供了在一定距离之外观看城市并理解眼前景象的方法，那么摄影机则记录了时间，而且再一次向我们展示了从中穿行的方法——画出属于自己的路线，让印象充满细节。我们可以重走罗伯托·贝尼尼在1991年的电影《地球之夜》扮演的出租车司机走过的狂野路线，像南尼·莫莱蒂在1993年《亲爱的日记》里那样走在空荡荡的郊外，或者像2013年《绝美之城》中的角色捷普·甘巴尔代拉那样在夜幕中完成惊险刺激的旅行。但很少有电影场景，能像费德里科·费里尼1960年上映的《甜蜜的生活》开场几分钟那样，捕捉到齐美尔笔下那个尽管张力十足但又牢牢内聚在一起的罗马。一架美国产的贝尔–47直升机在城市里运输着一尊耶稣雕像，跟在后面的第二架直升机里坐着记者马尔切洛·鲁比尼和他的搭档帕帕拉佐。第一个镜头追踪着直升机的飞行轨迹，经过建于1世纪的克劳狄亚水道（这条水道位于现在的古渡槽公园里），直升机正好飞在罗马东南角的奥勒良城墙上方。这是一个相当不协调的场景：镜头展示着现代飞行技术，背景却是一处古代水利设施；作为现代的实用性技术工具，直升机将物品从一个地点运送到另一个地点，可当救世主的雕像从空中经过时，人们仿佛能感受到魔力。

直升机来到了郊外的唐·鲍思高区，旁边是巨大的罗马电影城，镜头拍到了一小群人在萨莱夏尼林荫大道上奔跑。如今，道路两旁种满了树，修整得非常漂亮，但在20世纪50年代末，这里仍是罗马正经历高速开发的外围区域，属于正在建设中的城市边缘。就在镜头追随贝尔直升机降落在一堵如今历经大幅扩建的墙壁前，一个巨大的穹顶映入眼帘，那是罗马仅次于圣彼得大教堂的第二大教堂——圣约翰大教堂的穹顶，在费里尼的电影上映前九个月才正式启用。这部电影算得上罗马这座现代城市的青春期纪录片。

和费里尼电影中的救世主雕像一样，《甜蜜的生活》出现在战后罗马的高速扩张期，迎合了当时不断扩大的中产阶级最大程度地享受意大利“经济奇迹”的需求，来自意大利南方的大量移民迁移到了北方的工业区，也来到了作为共和国行政中心的罗马。当直升机经过山坡上的一个住宅区时，上述时刻被记录了下来。那是一片让人想起工业时代前“传统”乡村生活的新现实主义的在建住宅区，这种乡村生活的精神状态仍然保留在意大利人的身份认同中。这证明了意大利难以摆脱塑造了整整一代人的价值观，这样的价值观让那一代人在1940年的夏天参加战争，又大批搬进20世纪50年代和60年代设计、建造的公共住宅中。可影片的真正野心，却放在了一个正在一座现代主义风格别墅屋顶晒日光浴的年轻女人身上，这种住宅在罗马新开发的北部富裕郊区地带（帕里奥利及周边富裕地区）很常见。当第一架直升机经过圣彼得大教堂时，我们可以在镜头左边看到内城区新建的道路体系，鲁比尼和帕帕拉佐的直升机在晒日光浴的女人头顶盘旋，在他们尝试要对方的电话号码失败后，直升机再次跟着救世主雕像，沿着台伯河飞向最终目的地——梵蒂冈的圣彼得广场。聪明的观众很快意识到，救世主创造出来的任何东西，都不如在罗马这座永恒之城上空画出的一道简单弧线那么美妙。

## 从类比到体验

在这条斜穿罗马城中不同地形、古迹和肌理的道路上，集中了本书将要提到的几个区域。这座城市因为内部及不可知的外部力量而发生改变，它的边界随着未来的挑战突破自身限制，也随着它在更广阔的世界中不断变化的重要性而变化。罗马既是中心，又没有中心。齐美尔说，罗马只能通过同时成为“很多”而成为“一个”。另一位重量级的现代思想家西格蒙德·弗洛伊德提出了另一种观看的角度。对他来说，罗马的体验就像与记忆相遇，罗马的历史是压在“当今”肩上的重担。

对弗洛伊德而言，在他还没有真正走进罗马前，罗马就作为心理学研究的类比突然出现在他的眼前。在1899年的《梦的解析》一书中，弗洛伊德记录了四次梦见这座城市的情形：一个梦里有台伯河和圣天使桥，弗洛伊德梦到自己坐着火车离开罗马，这时他意识到自己“没有真正踏入过这座城市”，他推测这个梦境源于自己看过的版画；在另一个梦里，罗马“在薄雾中若隐若现”，在很远处观察的弗洛伊德惊讶于自己能清晰地看到罗马；在第三个梦里，罗马的“城市属性”完全屈服于野性的大自然，迫使弗洛伊德向路过的一个熟人询问方向；在第四个梦里，弗洛伊德到达了一个十字路口，却意外地看到很多由他的母语德语写成的海报。[5]解读梦境是专业人士的工作，可如果简单解读的话，弗洛伊德写下的这些片段其实是对体验罗马的一种洞察：到访者永远只了解其中的片段，他们必须靠经验调整心中罗马的形象，对一种清晰却谬误的感觉充满感激，又无法与真实纯粹的罗马相遇。

《梦的解析》问世三十年后，弗洛伊德邀请《文明与缺憾》的读者思考罗马在历史上的多种呈现形式，比如围绕七座古老山丘设计的方形罗马，被塞维安城墙及后来的奥勒良城墙围住的城市，等等。弗洛伊德想知道，“这些早期的遗迹还能否被罗马的现代访客找到”。有些遗迹就在眼前，除了几个缺口，奥勒良城墙在1930年保存得比现在更加完整；共和时代之前的断壁残垣也已经被考古学家发掘了出来。“掌握丰富历史及地理知识的访客”，既可以“遍寻整段城墙，又能在现代城市平面图中找到方形罗马的轮廓”。可在这座城市舍弃了初期形态之处，其内涵也早已被时间消磨，或者在几个世纪的时间里遭到彻底修改并现代化。现代到访者也许有办法确定某些神庙、剧场或者宫殿的位置，可按照弗洛伊德的说法，这些建筑物的构造很大程度上属于“过去”，而非“现在”这个范畴，它们的位置“被废墟占据——不是原始建筑，而是在原始建筑被烧毁或摧毁后取代它们的后续建筑的废墟”。[6]弗洛伊德心里也许记得由18世纪中期威尼斯建筑师皮拉内西绘制的巨大的战神广场平面图。当然，弗洛伊德的观察力与皮拉内西重现古代城市的能力遥相呼应，皮拉内西尽其所能地找到各种史料，在废墟和碎片之外推测各个结构之间的平衡点，用可靠的想象填补了剩余的空白。

弗洛伊德让读者把罗马想象成这样一座城市：“过去成形的事物从未消失，在城市中，各个阶段的发展痕迹与最新的发展共同存在。”想象一下我们会看到什么：帕拉蒂尼山上的皇宫与罗马皇帝塞普蒂米乌斯·塞维鲁的七节楼恢复到最初的高度；圣天使城堡上装饰着完整无缺的中世纪雕像；朱庇特神庙的原址上，矗立着卡比托利欧山上的卡法雷利宫；尼禄金宫与罗马斗兽场的遗址在同一处；还有建于中世纪的神庙遗址圣母堂，藏有米开朗琪罗的《救世主基督》，教堂的石棺中安葬着文艺复兴时期的画家安杰利科修士——这些都与曾经的神庙融合在一起，或是建在曾经的神庙之上，或是以之命名。让我们再次回到万神殿（图0.3）。站在密涅瓦广场上贝尼尼在17世纪雕刻的大象与方尖碑旁，人们可以看

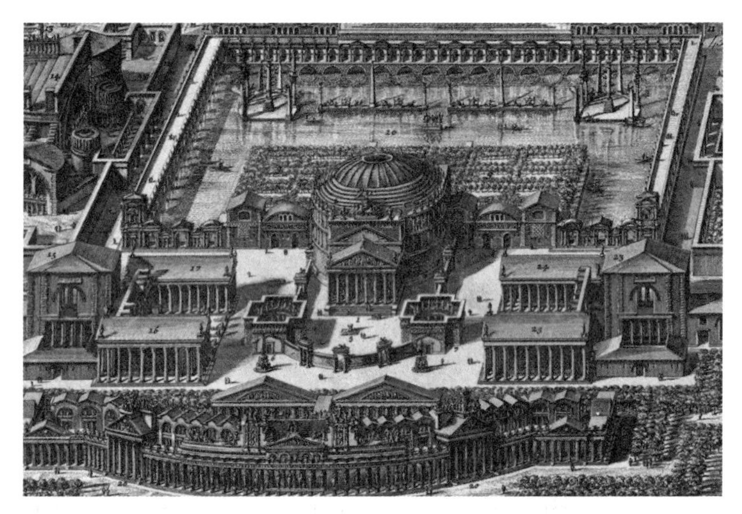

图0.3　乔瓦尼·巴蒂斯塔·皮拉内西，万神殿及其周边建筑图，《古罗马战神广场》(1762年)。

到建于公元1世纪奥古斯都统治时期的巨大的柱下鼓形石，它由伟大的帝国建筑师马库斯·阿格里帕主持建造。上面的浮雕告诉我们，建筑师是卢修斯的儿子，曾三次担任罗马的执政官。图密善和哈德良在位时，这座神庙经历过两次重建。弗洛伊德想象，在错觉的作用下，旁观者能够一次性看到这些建筑物自建成到当下的每一个时代里的状态。弗洛伊德说，这与心理活动的运行类似。[7]

弗洛伊德在罗马发现了记忆影响日常生活的证据，以及这样的记忆在塑造一个人的潜意识时具有的重要作用。弗洛伊德的类比也适用于想与过去和解的罗马。这是一座沉浸于自身历史的城市，这里的当代生活要求人们真正穿行于地面上的一个个空缺处，在此处，当下实际上在思考、研究着很久以前发生的事。罗马的古老遗迹持之以恒但又毫无规律地闯入当下的生活，当下生活在古老遗迹旁边自顾自地继续发展，这为弗洛伊德提供了一种概念上的类比，帮助他对人类如何处理记忆做出解释。弗洛伊德也帮助我们理解了为什么能在现在中感知到过去。

伊丽莎白·贝纳西有一个被罗马国立二十一世纪艺术博物馆永久收藏的艺术作品，在这个问题上提供了另一种观点。这件展览作品名为《阿尔法·罗密欧 GT Veloce 1975—2007》，陈列的是内部空无一人的阿尔法·罗密欧汽车，品牌与型号如前所述，被放置在黑暗空间中。外来灯光照射出汽车的轮廓，给人一种危险潜伏的感觉，随后头顶灯打出最强光，仿佛注入生命，让人心中产生震动。作品中使用的汽车，是作家、电影制片人皮埃尔·保罗·帕索里尼在1975年11月2日晚被暗杀时驾驶的同款汽车，贝纳西用这个意大利文化史上相对较近发生的事件挑战观众，这个事件尚未被吸收进简单的叙事，它还没变成曾经发生过，但已经遥远到只能作为当今生活背景的程度。帕索里尼之死充斥着秘密，他的死是意大利多灾多难的铅弹时代的核心事件之一，而那个时代最让人震惊的事件，莫过于意大利总理阿尔多·莫罗在1978年被“红色旅”[1]暗杀。这个事件的大背景是极端化的左翼与右翼公开爆发冲突，各级政府、教会、政治团体及有组织的犯罪团队之间的权力平衡总是让位于暴力与破坏行为。贝纳西作品中的核心——汽车，勾起了人们最不愿回想的一段罗马近代史。

我们以齐美尔关于罗马的思考为开端，贝纳西的作品却让人想起了齐美尔对意大利其他城市的一句描述。齐美尔说，威尼斯（可以说是正好与罗马形成对比的城市）“如梦境一样”，是一个任何途经的演员无论如何也无法改变的舞台。在一个像这样的布景中，“现实总会惊吓到我们”。[8]与此相对，罗马则是一座由现实构成的城市，这才是让人感到惊恐的现实，这打碎了“永恒”的幻象，也破除了需要展现出扩张与收缩、崛起与衰落、美好与憎恶的叙事要求。连齐美尔都坚称，我们只能将罗马视作一个整体，才能完整地感受到它的美丽。我们不能在某个特定事物面前停顿。

---

[1] 红色旅：意大利语是Brigate Rosse，常被缩写为“BR”，意大利极左翼恐怖组织，成立于1970年。——译者注。本书脚注均为译者注。

## 关于罗马的书

除了齐美尔、费里尼、贝纳西和弗洛伊德，我们还能找到很多关于这座城市的思考，每种思考都在试图理解这座城市的复杂性与矛盾性。在进一步讨论前，还有一个问题需要我们注意。最近在思考“古罗马为什么对现代世界具有重要性”[9]这个问题时，古典历史学家玛丽·比尔德表示：“事实上，罗马历史中能直接为我们所用的经验教训非常少，不存在‘可做、不可做’的简单清单。”可忽视这一真理的愚蠢行为，在几个世纪里却反复出现。当地缘政治的野心和意识形态的安全互相强化的时刻，象征古罗马（最强盛时期及衰落时期）的符号与图像便会重现。比尔德写道，人们总是忍不住把西方社会的现代困境与罗马那似乎亘古不变的标准进行对比。通过绘画、漫画、电影、小说、蚀刻画及历史课，罗马不仅抢占了大量个体想象空间，而且经常被看作评价帝制的标杆，这些后世帝国往往在奥古斯都建立的帝国中找到自身的标准。20世纪中期的世界就见证了一次这样的现实——罗马帝国辉煌的历史及其毋庸置疑的价值观，在第二次世界大战前的几十年里，让意大利错误的帝国野心不断得到强化。

针对这一背景，有一名作家做出了一个举动，任何阅

图0.4　劳罗·德·博西斯和他的飞机，1931年。

读、书写历史的人都能感受到其中深远的意义。1931年10月，29岁的诗人、飞行员、反法西斯作家劳罗·德·博西斯（图0.4）驾驶飞机来到意大利首都上空，向罗马市民投放了两份文件：第一份文件规劝当时的意大利国王维托里奥·埃马努埃莱三世采取符合身份的行动，限制墨索里尼的权力及其法西斯统治的扩张。另一份文件的目标是罗马市民，文件颂扬了个人自由的美德，而这一美德被罗马市民太过轻易地放弃了。德·博西斯为了投放传单用尽了燃料，在罗马上空飞行了半个小时后，他的飞机飘到了海上，人们推测飞机在那里坠毁。这本身就是一个了不起的事件，而如果读过德·博西斯在最后一次飞行的当天早上写给朋友弗朗切斯科·路易吉·费拉里并发表在《比利时晚报》上的文字，他的行为便多了一层深意。在为他死后的读者写下的这篇强有力的文章中，德·博西斯写道："除了我的文字外，我也会抛下一本博尔顿·金写的好书——《意大利的法西斯主义》。就像给忍饥挨饿的村庄抛撒面包一样，我们必须将历史书抛向罗马。"[10]

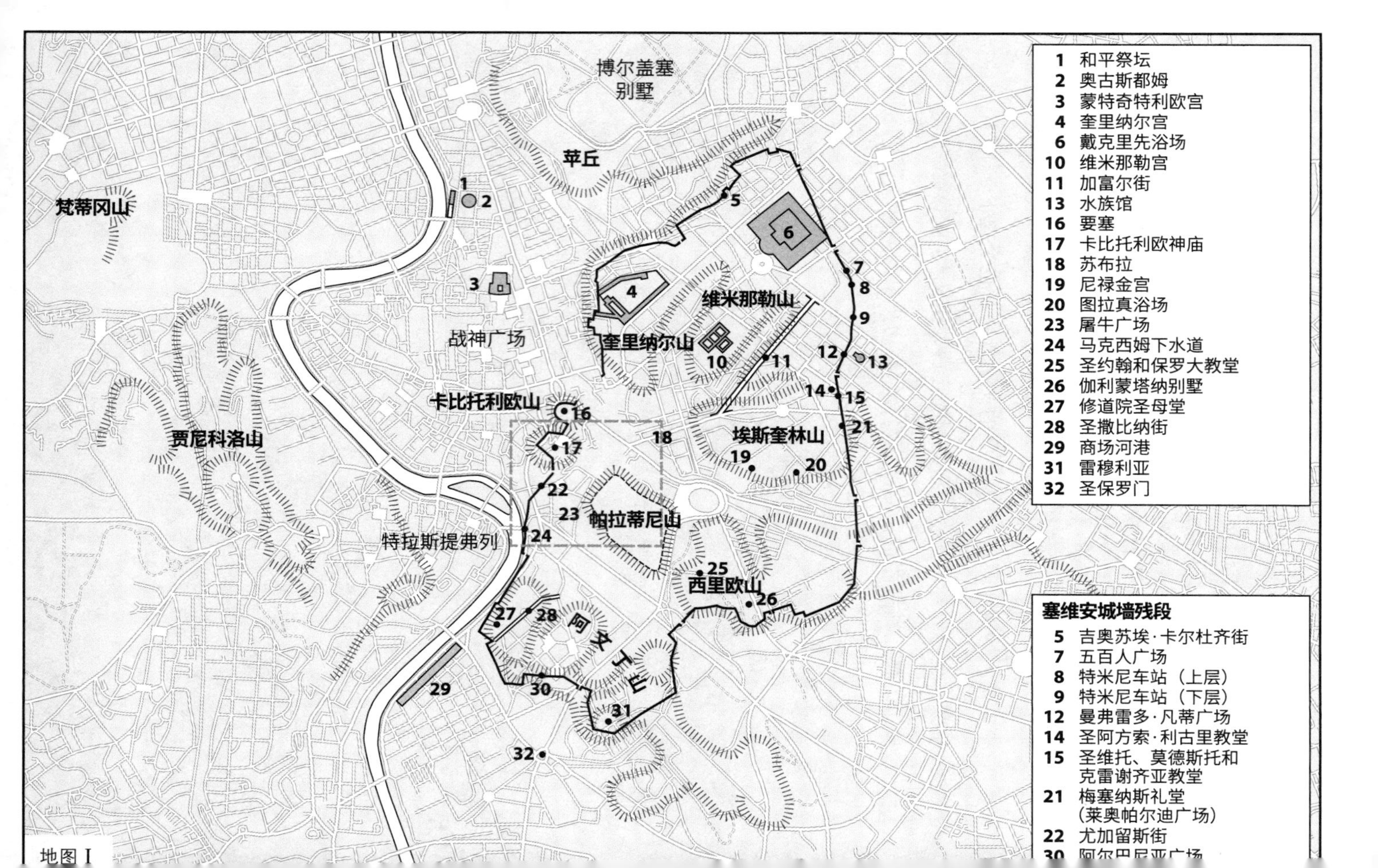
博尔盖塞
别墅
苹丘
梵蒂冈山
战神广场
维米那勒山
奎里纳尔山
卡比托利欧山
贾尼科洛山
埃斯奎林山
帕拉蒂尼山
特拉斯提弗列
西里欧山
阿文丁山
1 和平祭坛
2 奥古斯都姆
3 蒙特奇特利欧宫
4 奎里纳尔宫
6 戴克里先浴场
10 维米那勒宫
11 加富尔街
13 水族馆
16 要塞
17 卡比托利欧神庙
18 苏布拉
19 尼禄金宫
20 图拉真浴场
23 屠牛广场
24 马克西姆下水道
25 圣约翰和保罗大教堂
26 伽利蒙塔纳别墅
27 修道院圣母堂
28 圣撒比纳街
29 商场河港
31 雷穆利亚
32 圣保罗门
塞维安城墙残段
5 吉奥苏埃·卡尔杜齐街
7 五百人广场
8 特米尼车站（上层）
9 特米尼车站（下层）
12 曼弗雷多·凡蒂广场
14 圣阿方索·利古里教堂
15 圣维托、莫德斯托和
克雷谢齐亚教堂
21 梅塞纳斯礼堂
（莱奥帕尔迪广场）
22 尤加留斯街

地图 I

# 第一章

# 与起源有关的问题

在和平祭坛 / 罗慕路斯与雷穆斯 /
埃涅阿斯与古罗马人的起源 / 根基 / 王政时代的罗马 /
塞维安城墙 / 七丘之城 / 古罗马广场 /
从定居地到城市

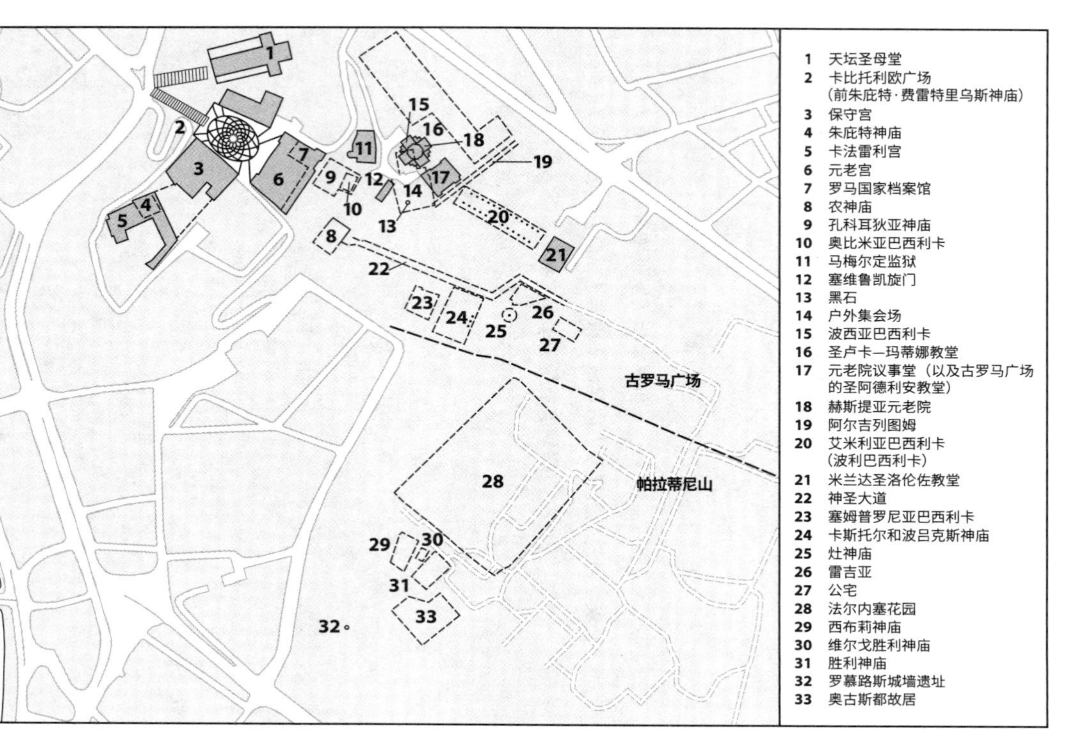
古罗马广场
帕拉蒂尼山
1 天坛圣母堂
2 卡比托利欧广场（前朱庇特·费雷特里乌斯神庙）
3 保守宫
4 朱庇特神庙
5 卡法雷利宫
6 元老宫
7 罗马国家档案馆
8 农神庙
9 孔科耳狄亚神庙
10 奥比米亚巴西利卡
11 马梅尔定监狱
12 塞维鲁凯旋门
13 黑石
14 户外集会场
15 波西亚巴西利卡
16 圣卢卡—玛蒂娜教堂
17 元老院议事堂（以及古罗马广场的圣阿德利安教堂）
18 赫斯提亚元老院
19 阿尔吉列图姆
20 艾米利亚巴西利卡（波利巴西利卡）
21 米兰达圣洛伦佐教堂
22 神圣大道
23 塞姆普罗尼亚巴西利卡
24 卡斯托尔和波吕克斯神庙
25 灶神庙
26 雷吉亚
27 公宅
28 法尔内塞花园
29 西布莉神庙
30 维尔戈胜利神庙
31 胜利神庙
32 罗慕路斯城墙遗址
33 奥古斯都故居
地图1.1

## 在和平祭坛

在记录罗马第一位皇帝生平的传记中，历史学家苏维托尼乌斯记下了奥古斯都说过的一句名言：“我来的时候罗马是砖砌的，现在我走了，留下一座大理石的城市。”（拉丁语：*Marmoream se relinquere, quam latericiam acceptisset.*）到2014年，这位皇帝与他的大理石城市已天人两隔整整两千年了——前者去了天国，后者继续见证时间的流逝，传记作家则精准记录下奥古斯都时代的罗马所见证的彻底转变。曾经的罗马是共和国的中心，是众多定居地之一，后来变成了整个世界的中心。

为了让自己的成就永垂不朽，奥古斯都构思出三种纪念性建筑：一个圆形穹顶的陵墓（地图 I 中的2），现在被称为奥古斯都姆[1]，其中陈设着他葬礼时使用的火葬柴堆以及一个帝王陵墓；一个巨大的奥古斯都日晷，其阴影足以覆盖战神广场；还有一个敬献给“奥古斯都的和平”的和平祭坛（地图Ⅰ中的1），在每年的9月23日，即秋分及奥古斯都皇帝的生日那天，日晷的阴影将覆盖这一建筑。奥古斯都创立的帝国灭亡之前，这三座建筑就已变成了废墟，直到近代早期战神广场上开始兴建越来越多的宫殿和教堂，它们才在这些零散的建筑工程中渐渐重见天日。

从15世纪开始，人们陆续发现日晷碎片，如今这些碎片被置于17世纪建成的蒙特奇特利欧宫前面。蒙特奇特利欧宫曾是罗马教廷的所在地，意大利统一后，这里成了意大利众议院（地图Ⅰ中的3）。从16世纪开始，人们也陆续发现了和平祭坛（或者说一直以来被认定为和平祭坛的建筑）的建筑碎块，修复后的建筑物位于荒废已久的奥古斯都陵墓对面。作为20世纪30年代墨索里尼统治时代城市复兴计划的一部分，奥古斯都陵墓得以重建。奥古斯都去世两千年纪念日是个非常无趣的事件，很多计划都没能在最后期限前完成。然而，1937年对奥古斯都生日的庆贺活动，却因为理论家和引

[1] 奥古斯都姆（Augusteum）：最初是古罗马宗教中帝国崇拜的场所，意大利语为奥古斯都的复数形式。

领风潮者推崇的罗马化而变得狂热起来，这些人将新的意大利帝国看作古老帝国的自然继承者，并将罗马重塑为新帝国的中心。那一年罗马启动了建造工程，希望保护和平祭坛，使其成为罗马这座法西斯城市的荣耀象征。后来这个工程被战争打断，未再进行下去。不过五十多年后，和平祭坛却被置于美国建筑师理查德·迈耶设计的一系列风格相悖的新建筑中，2006年建成的这些新建筑毁誉参半。

墨索里尼赋予罗马帝国重要地位，这绝非统治者第一次利用过往的荣光证明自身权力的合法性。奥古斯都本人就是在罗马神话的基础上充满自信地构建自己的帝国，把其中两段神话刻在了大理石上，我们在走进迈耶设计的博物馆时就能看到（见图1.1）。想从描绘狼洞和埃涅阿斯的两块大理石雕刻嵌板上厘清罗马的起源并非易事，因此这两块嵌板均值得我们仔细审视。

## 罗慕路斯与雷穆斯

这座城市里，随处可见罗慕路斯和雷穆斯——被母狼救下的两个双胞胎婴儿的形象，其中一人建立了罗马。这尊中世纪雕刻的母狼铜像（以及16世纪添加的双胞胎铜像）之于

图1.1　和平祭坛博物馆，由理查德·迈耶设计建造（2006年建成）。

罗马，就像埃菲尔铁塔之于巴黎，自由女神像之于纽约。18世纪的历史学家约翰·约阿希姆·温克尔曼提出，母狼是伊特鲁里亚人的作品，有可能出自雕塑家“维利的武尔卡”之手，朱庇特神庙上的浮雕就是他的作品。但碳定年法却将铜像的制造年份限定在11世纪中期到12世纪中期。到了现代，母狼乳婴铜像成为1960年夏季奥运会的标志，还出现在了意甲足球队的纹章上，或者说，出现在了几乎所有可以在纪念品小摊或市场摊位上出售的商品上。T恤、钥匙链、毛线帽、烧烤围裙，这些商品上印着罗慕路斯、雷穆斯和母狼在山洞里的图像，成为罗马的具象。在和平祭坛，左边的两块大理石嵌板（狼洞浮雕）记录了他们的故事，浮雕显示兄弟二人在无花果树的树荫下喝着母狼的奶，他们的父亲——罗马战神马尔斯用呵护的目光注视着他们，旁边还有牧羊人浮士德勒，正是他在帕拉蒂尼山脚下发现了兄弟俩，和妻子阿卡·拉伦缇雅一起将他们抚养成人。

观看狼洞浮雕是思考罗马奠基神话的方式之一，另一种方式是开始一段短途徒步，从和平祭坛走到帕拉蒂尼山（从古罗马广场进入须付费）上的奥古斯都故居（地图1.1中的33）。如今这里加盖了一个风格与之不协调的保护性高屋顶，站在帕拉蒂尼山下的马克西姆斯竞技场可看到屋顶的一部分。2007年，考古学家宣布在奥古斯都故居下方发现了一个建于公元前1世纪的带装饰的圆形密闭空间，显然，这些考古学家宣称那个小屋就是传说中双胞胎被养大的洞穴。这似乎为古罗马的传说增加了一些事实证据。但热情迅速褪去，人们开始讨论这个空间到底是用来做什么的，以及被命名为“狼洞”的庇护所究竟是怎样的。不过，想要摆脱这个念头——奥古斯都皇帝在初次诞生“罗马”这一概念的洞穴上建造自己宅邸，可没那么容易。

罗慕路斯和雷穆斯在台伯河岸（台伯河历史上曾数次改道）被人发现后发生的一系列事件，组成了古代罗马最为人熟知的一些故事。和正常的兄弟姐妹一样，兄弟俩的关系非常亲密，但又经常争吵，及至成年，两人的矛盾越来越明显。他们是战神的儿子，是拉丁城市阿尔巴隆加的国王的孙辈，他们的血液中流淌着统治者的基因（教皇的夏宫冈多菲堡就建在阿尔巴隆加王国的旧址上）。在他们出生前，阿穆利乌斯密谋推翻兄弟努米托雷的统治，他杀死了努米托雷的男性继承人，逼迫侄女雷亚·西尔维娅成为维斯塔的女祭司。发现西尔维娅怀孕后（她声称是战神马尔斯让她受孕的）并且生下双胞胎后，阿穆利乌斯下令杀死两个男孩，囚禁他们的母亲。我们知道，两个男孩活了下来。小时候，他们在帕拉蒂尼山上以饲养牲畜为生，空闲时间还扮演起侠盗罗宾汉，夺走强盗的赃物分给牧羊人。雷穆斯在一次报复行动中被他的祖父俘虏，和当年的浮士德勒一样，祖父经过调查，知道了这位年轻人是自己的外孙。罗慕路斯和他的牧羊人军队在约定好的时间与雷穆斯会合，他们共同推翻了阿尔巴隆加国王阿穆利乌斯的统治。

雷穆斯和罗慕路斯并不满足于坐等从祖父手里继承阿尔巴隆加（或者两座新城市，取决于不同的版本）的想法，他们欣然选择在和养父一起饲养牲畜的地方，建立一座新城市。罗慕路斯修了一堵墙（也有可能是挖了一条壕沟），用来确定他将称王的地界范围。雷穆斯在旁边的阿文丁山上可能建造了（也可能没建造）属于他自己的城市雷穆利亚（地图Ⅰ中的31），但他攻破了罗慕路斯的防御工事，爬上（或者跳过）城墙，以证明其防御的虚弱。就在那个时候，罗慕路斯或者他的代理人塞勒（即皇家卫士“塞勒瑞斯”这个名称的起源）用铲子（或者锄头，也可能是其他致命工具）打在雷穆斯头上，造成致命伤害，用这种方式解决了主权问题，确定了城市的第一任统治者。自然而然，“罗马”这个城市便取自罗慕路斯的名字。

事件发生三个世纪后，昆图斯·费边·皮克托尔在史册中留下了上述内容，这是最能还原当时情况的记录。费边动笔时正值公元前3世纪末期的第二次布匿战争时期，那时的罗马已经成为地中海豪强，不断占领殖民地。费边帮助人们理解这座城市崛起的历史，塑造出了一种由帝国疆域及其权威投射出来的城市形象。费边的历史记录随时间流逝已不复存在，但他的描述却极大影响了后世的波里比阿、哈利卡纳苏的狄奥尼修斯，以及人称“李维”的提图斯·李维·帕塔维努斯等历史学家的写作。李维的著述写于奥古斯都统治时代，名为《罗马史》，这一书名的直译其实是“自建城以来”，书中借鉴了费边的写作，描述了自罗马建成到他生活的时代所发生的历史事件。如此一来，他对所谓费边式神话的复述，提供了关于罗马建城的一个令人安心的版本：在奥古斯都治下，当时的罗马正在那个古老的城市根基之上生出全新的立足点。

在李维的记录中，罗慕路斯在他人生的最后阶段突然消失了，他在奎里纳尔山上的一次献祭活动中被风暴吞没。也许这原本是早期的一次元老院刺杀事件，但这样的记述对后来的世代产生了神化城市创建者的效果。后世（包括费边之后的李维）出现了众多版本的费边神话，如今对双胞胎、母狼、牧羊人及其妻子的“传统”解读，只是众多版本中的一个。取决于不同的故事讲述者，有些作家赋予阿卡·拉伦缇雅或卑贱或神圣的出身，有些还把她和母狼混为一谈。在有些版本的故事中，活下来的是雷穆斯，而非罗慕路斯，直接终结了费边的故事。可这个故事的重要意义并不只是单纯地确定罗马诞生的那个瞬间——不是随手拿起武器击中目标，不是地面出现犁沟，也不是定义了即将统治世界的城市的姿态。这个故事更重要的意义，是用历史为公元前3世纪和公元前2世纪那些伟大家族拥有的权威背书，而这些家族的起源或多或少都能追溯到狼洞浮雕。这个故事的重要意义，也在于彰显罗马持久不衰的强力，神的血脉与祝福是这一强力的后盾。

## 埃涅阿斯与古罗马人的起源

和平祭坛上与狼洞浮雕相对的位置，是一块描述埃涅阿斯抵达拉丁姆场景的浮雕。在亚加亚人实施著名的奇谋特洛伊木马计后，特洛伊人没能守住自己的城市，在诗人维吉尔的笔下，埃涅阿斯（维纳斯的儿子）踏上了一段漫长而危险的旅程，一步一步接近台伯河河口，以及由伊特鲁里亚人、萨宾人和拉丁人占据的丰饶土地。就像李维的《罗马史》明确将罗慕路斯和雷穆斯出现的时代设定在罗马城诞生时期一样，维吉尔的《埃涅阿斯纪》在宏大的奥古斯都权威信仰之上，添加了特洛伊英雄艰苦跋涉与流浪的历史故事（《罗马史》的问世时间比《埃涅阿斯纪》早几年）。在《埃涅阿斯纪》中，用英国诗人约翰·德莱顿的话说，埃涅阿斯向着“命运之地”前行，好让后来人走向“伟大罗马的长久荣光”。[1]

千百年来，埃涅阿斯抵达并征服拉丁姆的故事已经深植于罗马的建城史。奥古斯都时代的家谱提供了强有力的证明，表明罗慕路斯和雷穆斯都是地中海神话中古希腊神话的基石性人物。埃涅阿斯与国王拉丁努斯的女儿拉维妮娅联姻，由此进入拉丁姆王室集团。拉丁姆王国的名字正是来源于拉丁努斯，他比罗慕路斯双胞胎早生了十五代。在讲述这座日后统治世界的城市的奠基史时，公元前1世纪的罗马历史学家们让城市的起源和帝国的建筑工程以及奥古斯都治下的革新交相呼应——这些建筑工程自然是用那些被认为是属于罗马的财富换来的。

维吉尔笔下埃涅阿斯的流浪经历，将久远的历史与刚发生的过去交织在一起。命运也许让埃涅阿斯和拉维妮娅结合在一起（在埃涅阿斯出现前，拉维妮娅曾被许配给鲁图里的图努斯），但两人的结合却破坏了埃涅阿斯早年与腓尼基女王——迦太基的狄多之间的婚姻，为了继续征服领土，埃涅阿斯抛弃了狄多女王（这段记录并不准确，不过还是要请读者容忍这样的瑕疵）。婚约和毁约均带来了战争：先是埃涅阿斯在拉丁姆获得胜利，他的血脉世系由此崛起；很多个世纪后，在公元前3世纪至公元前2世纪的布匿战争中，罗马共和国与迦太基之间发生了多次战争（罗马同时还在东边发动了与马其顿的战争）。很大程度上，罗马依靠这些战争成为地中海盆地的霸主，占据了意大利本土之外的第一个殖民地，真正为罗马帝国奠定了基础。

起初，在拉丁努斯的调解下，特洛伊的难民在拉丁姆的定居地相安无事。但在埃涅阿斯眼中，拉丁姆却是他被剥夺了财产与土地的子民们理所应当继承的土地，所以他发动了一场持久而血腥的战争，将拉丁姆人置于他的统治之下。终于实现地区和平后，埃涅阿斯建立了自己的城市拉维尼姆（以他的妻子命名，位于海滨小镇普拉提卡·迪马雷一带），这座城市后来成为拉丁同盟的首要城市（到了罗慕路斯和雷穆斯时代，此处已经被阿尔巴隆加占据）。久而久之，埃涅阿斯被人看作原始的罗马英雄，身上拥有罗马共和时代统治阶层乃至日后所有皇帝推崇的品质。根据李维的记载，维纳斯要求朱庇特（也有人说她找的是河神努米修斯）让自己的儿子永生，后者照做了，把埃涅阿斯变成了次一等的神“朱庇特·英帝格斯”。特洛伊人和当地的鲁图里人在努米修斯河发生了一次冲突后，人们没能找到他的身体。或许他已经获得永生，又或许他只是意外消失。但不管怎么说，在接下来的几个世纪里，埃涅阿斯的丰功伟绩被人反复讲述，而且至少在公元前4世纪时就被提炼为一个故事，拉维妮娅血脉与特洛伊血脉混合，加上拉丁姆的王族属性与神性，使得埃涅阿斯成为罗慕路斯和雷穆斯的祖先，成为罗马远古历史上的伟人。

和平祭坛上的浮雕描绘了维吉尔的英雄埃涅阿斯登陆台伯河河口的场景——这是衔接两段漫长旅行的第一步。在大理石浮雕上，一只惨遭献祭的母猪和两位陪同埃涅阿斯离开特洛伊的家神珀那忒斯[1]站在一起，埃涅阿斯向他们递出了一杯酒。埃涅阿斯左手边的形象可能是阿斯卡尼俄斯·尤利乌斯——埃涅阿斯的儿子，尤利乌斯血脉名义上的先祖，盖乌斯·尤利乌斯·恺撒和他的养子盖乌斯·屋大维（也就是奥古斯都）就出自这条血脉，在和平祭坛的纪念碑上，恺撒和屋大维的形象都与埃涅阿斯惊人地相似。在《伊利亚特》中，荷马称埃涅阿斯为“人中之王”。奥古斯都沿用了这一称呼，认为这是众神决定的必然。而我们则更倾向于把罗马的早期历史看作脆弱而不可靠的故事。古典主义学者T. P. 怀斯曼写道：“不要忘了，我们对罗马人的印象全部来自作家……而在他们写作的年代，罗马是一个帝国，那时对罗马的定义不同于且高于它所统治的人民。”[2]不管可靠与否，这幅场景却能让我们思考古罗马的力量如何顽强地延续到了现在。

## 根　基

如果简单地认定罗马在起源时就具有城市化特点，或者

[1] 珀那忒斯（Penates）：古罗马的家神之一，是储藏室诸守护神，与女灶神维斯塔等一同受到崇拜。

把最初的罗马看作城市，这种想法也许过于草率。不过若在上述和平祭坛的两块大理石浮雕前，沉思关于其中描述的介于现实与神话之间的故事，再多花一些时间在帕拉蒂尼山及其北部山脚下的古罗马广场上走一走，至少能在一定程度上找到故事在现实中的对应，即便大部分实物如今已经散落各处或被掩埋。“方形罗马”这个说法描述的是最早期的罗马呈一个粗略的四方形，很多人认为它曾经是帕拉蒂尼山上的一个轮廓分明的防御性定居点。随着不断扩张，罗马通过条约或武力征服占领了附近的定居地，包括奎里纳尔山（萨宾人的传统居住地）和特拉斯提弗列（伊特鲁里亚人的城镇），鉴于后两个族群更早地占领了现今这座城市的部分地区，他们自然对罗马的起源有不同说法。不过作为一座城市建筑与抽象概念的交汇点，罗马之所以为罗马，始于帕拉蒂尼山。

在建立这个定居地的最初几十年里，如今古罗马广场的所在地可能是一块沼泽地山谷，位于帕拉蒂尼山与维利安山（又称“维利尔山脊”）之间。在古代的记录中，维利安山是一座凸起的山丘，但后来被削平。支持原始“方形罗马”观点的人将界定了这座城市边界的城墙称为帕拉蒂尼，或者以它可能的建造者命名，称之为“罗慕路斯城墙”。传说中这座城墙及其后续的罗马城的建造时间要追溯到公元前753年，可即便在公元前8世纪，帕拉蒂尼山也不是“无主之地”。在满是历史遗迹的意大利中部，人们能找到大量青铜时代定居地的证据，而帕拉蒂尼山上最古老的建筑，是西面山坡上一个似乎建于公元前9世纪的大型圆形房屋［大体面向屠牛广场（地图Ⅰ中的23）］，位于建于公元前4世纪末的传说中共和时代的胜利神庙（地图1.1中的31）、西布莉神庙（地图1.1中的29）和维尔戈胜利神庙（地图1.1中的30）附近。大约在双胞胎战胜阿穆利乌斯的时代，一些所谓延续时间更长的建筑取代了圆形大房子，但与这些建筑相比，我们反而能找到更多与圆形大房子有关的证据：比如支撑墙壁的柱子，足以让人感受其规模之大；一个"浅坟"——典型的周围填有石块的沟渠，意味着至少在公元前8世纪上半叶就有人在这里生活并死亡。事实上，2008年，考古学家安娜·德·桑蒂斯和詹弗兰科·米埃里据说在古罗马广场的东北角发现了六个最早可追溯到公元前11—前10世纪的古墓，而古罗马广场的这一区域在公元前四十几年时就被开发为尤利乌斯广场或恺撒广场。在附近卡比托利欧山的两个山峰上，要塞（Axe，地图Ⅰ中的16）和卡比托利欧神庙（地图Ⅰ中的17）是公元前775—前750年之间建起的两个拜神的地点，最初可能在罗慕路斯时代建有一座祭祀朱庇特·费雷特里乌斯的神庙。传说两个山峰之间的区域是一个庇护外国人的地方，被称为"庇护所"，从公元前9世纪开始就有人在这里居住了。

早期的罗马人貌似会根据自身需求耕种土地并进行祭祀活动。帕拉蒂尼山上有人类居住以及埋葬死去之人的地方，卡比托利欧山上则有献祭的痕迹。在公元前6世纪末，卡比托利欧山上的朱庇特神庙和在罗慕路斯时代建立的朱庇特·费雷特里乌斯神庙（地图1.1中的2），在共和国元年即公元前509年被正式献给神，其实在比这更早的两个世纪之前，当塔昆王朝的第一代国王击败萨宾人后，他就发誓将神庙敬献给神。如今，保守宫（地图1.1中的3）和卡法雷利宫（地图1.1中的5）围在米开朗琪罗16世纪设计的卡比托利欧广场周边，掩盖了曾经的痕迹。公元前8世纪罗慕路斯踏上危险征程前，“罗马”这个概念也许尚未诞生，但那个时代留下来的文物，却表明当时的人们也存在对房屋、食物、墓葬和祭祀崇拜的需求，城市在那时已经具备了最清晰可见的根基。

古罗马在拉丁姆地区城市之间的具体位置，最初是通过战争确定的。罗慕路斯在与附近强大的城邦维伊的战争中取得胜利，两个世纪后的塞尔维乌斯同样取得了战争胜利。罗马这个定居地，靠牧羊人战胜阿尔巴隆加的国王而建立，其最初的人口就是这片土地上的单身男子，以及不满地区统治、失去家园的人。对萨宾女人的暴力劫持，是罗马早期为第一代男性居民获取妻子和孩子的卑劣伎俩，同时也让失去故土的未婚男性与萨宾人血脉融合，后者生活在奎里纳尔山，也就是现在的拉齐奥大区、翁布里亚大区和阿布鲁佐大区。新的罗马人以打动对方、加强友好关系为由，邀请他们的邻居前来参加一项庆典活动，可当庆典如期举行时，在预先计划好的某一刻，罗马人“降临”到宾客们的女儿身上——法国历史学家皮埃尔·格里马尔如此委婉表述——将她们占为妻子。[3]

在传说中，上述劫持事件发生在公元前750年，距离城市奠基刚刚过去不久，远早于罗马在该区域的其他城市中取得支配地位的时代——罗马征服了一些城市，比如维伊，又在加入拉丁同盟，与其中三十多个城市订立互保协议后，吸纳了其他城市。就像罗慕路斯杀害他的双胞胎兄弟这个故事一样，我们找不到证明上述劫持事件的实体证据，但这个事件却能让传说自圆其说，使得罗马人得以在全部为男性的创始一代之后延续下去。历史将赞誉送给了萨宾女性，以及在同一天被夺走女儿的其他部落的女性，当萨宾人趁机报复当时已经成为这些女性的丈夫的罗马人时，她们无私地阻止了这场复仇。

到公元前8世纪时，已经有足够的城市活动证据证明，帕拉蒂尼山和卡比托利欧山脚下存在结构化、有组织性的社会。几百年来，户外集会场（地图1.1中的14），即公共辩论平台，就是罗马人城市生活的中心。这些活动全部集中在古罗马广场附近，从公元前6世纪开始，古罗马广场就是拜神、交易、统治、诉讼和休闲的固定场所。在两个世纪的时间里，罗马的主要城市基础设施——市场、神庙、道路与防御工事——大多完成建设。此地逐渐形成了思虑周全并受到民众欢迎的治理模式，且与复杂实用的宗教文化相契合。这里的人们共同拥护罗马在公元前6世纪期间发生的重大改变：世纪开始时，罗马是一座由国王统治的城市；世纪结束时，罗马变成了共和国。

## 王政时代的罗马

历史学家将罗马共和国之前的两三个世纪称为罗马的王政时代，这一时代从城市模糊的起源一直延续到公元前6世纪末，在此期间，社会与阶级结构重新调整并最终得以确立，城市开始繁荣发展。罗马在王政时代由国王统治，除了两任国王，其余国王均由库里亚大会（亦称大氏族会议）选举产生。库里亚大会由罗马公民组成，按照氏族划分。到塞尔维乌斯·图利乌斯统治时期（公元前578—前535年），大会包含三十个大氏族，罗马纳人、塔提恩人和卢克伦人这三大氏族各有十名代表，他们都可以追溯到罗慕路斯统治时期（其真正起源和罗慕路斯的历史一样含糊不清）。每个大氏族由一名氏族长领导，氏族长由成年贵族担任，均为罗慕路斯当年指定的元老院元老的后代。不属于这一贵族阶层的公民被称为平民。第五任国王将元老院人数扩至两百人，随后又被创建罗马共和国并担任执政官的卢修斯·尤尼乌斯·布鲁图斯及普布利乌斯·瓦勒里乌斯·普布利科拉扩大到三百人。元老院拥有多种权力，具体权力随时间不同而发生变化，不同历史学家对细节也有不同阐述。元老院也许可以决定国王的人选（国王住在地图1.1中26的雷吉亚），也许不能，后来当任命独裁官解决各种紧急状况时，元老院能否继续控制整个国家也非定数。[4]

不管是王政时代还是共和国时代，元老院成员都在元老院集会。在王政时代，这里指的是赫斯提亚元老院（以第三代罗马国王图鲁斯·赫斯提利乌斯命名，地图1.1中的18），如今这个位置上是圣卢卡–玛蒂娜教堂（地图1.1中的16）。公元前80年，元老院由独裁官卢修斯·科尔内利乌斯·苏拉扩建（他拆毁了户外集会场），后来毁于公元前52年的暴乱，苏拉的儿子福斯图斯·科尔内利乌斯·苏拉后来重建了它，尤利乌斯·恺撒独裁期间，又将这里改为神庙。今天古罗马广场上的元老院议事堂（图1.2，地图1.1中的17）是20世纪修复的，建于恺撒生前未完成的建筑基础上，这座恺撒未能

图1.2　古罗马广场上的元老院议事堂，后面是圣卢卡–玛蒂娜教堂的穹顶，还能看到波利—艾米利亚巴西利卡的轮廓，前景中还能看到和平神庙的遗迹。

亲眼见证完成的建筑又在7世纪时被用于修建圣阿德利安教堂。在《古罗马广场》一书中，大卫·沃特金用镜头让人们看到了拉特兰圣约翰大教堂的门，那是元老院议事堂最初使用过的门，17世纪时被移到了这座教堂。

传说中有七个人获得了罗马之王的头衔。罗慕路斯（公元前753—前715年）之后是努马·庞皮利乌斯（公元前716/715—前673/672年），他懂得秩序井然的众神的重要作用，后人认为他利用宗教治理罗马。接下来的第三任国王是前面提到过的图鲁斯·赫斯提利乌斯（公元前673—前642年），随后是努马的外孙安古斯·马修斯（公元前642—前617年）。再接下来的三代国王都是塔昆人——卢修斯（公元前616—前579年）、塞尔维乌斯·图利乌斯（公元前578—前535年）和卢修斯·塔克文·苏佩布（公元前534—前510年），每个人的生卒年份都不算长。传说中的伊特鲁里亚塔昆人崛起并登上权力宝座是一种重要信号，象征着宗教和艺术更为先进的邻国从文化角度缓慢地被罗马吸纳。作为罗马王政时代倒数第二任国王的塞尔维乌斯是前任国王的女婿，据历史记载，他是仆从的儿子，也是一个受人拥护的统治者。和罗慕路斯一样，他的权力来自人民，而非元老院（尽管这是人为设计的结果）。罗马最早的防御城墙以塞尔维乌斯命名，这认可了他为即将诞生的共和国在界定罗马这座城市边界的问题上所起到的重要作用。他的罗马城是世界性的，即便这座城市的身份认同仍然建立在历史传奇的基础之上。这是一个以当时的标准定义的罗马，更多地由人们的意图和天命，而非环境和进化决定。

暴君塔克文·苏佩布（人称“傲慢的塔昆王”）终结了王政时代。苏佩布的统治开始于刺杀塞尔维乌斯，但随后四名元老院元老联手发动起义得到广泛支持，让他的统治戛然而止。苏佩布的统治以暴力开始，又在暴力中被终结。可正是这种暴力，让人们逐渐意识到罗马的潜力，罗马的贵族和拥有同样野心的平民抓住了这样的机会。将国王从宝座上赶下去后，罗马人选择了一种介于民主、贵族阶层领导的寡头统治与神权统治之间的自治形态。领导元老院的是共同任命的执政官［最初被称作裁判官（praetor）］，执政官每年由森都里亚大会（也称百人团大会）选出，再由库里亚大会批准。执政官实际上拥有之前的国王所拥有的权力，同时负责保护、管理共和国。

尽管罗马城最初几百年的历史都集中于古罗马广场一带，可帝国时代的罗马如此强势，以致很少有王政时代和共和时代的建筑或结构留存下来。黑石（地图1.1中的13）则是一个例外。黑石可以追溯到公元前1世纪，有人认为这块石头盖住了罗慕路斯的墓穴，不过位于石块下方的更有可能是祭祀火神伏尔甘的神庙，即火神庙。不管事实究竟如何，这些历史早已被埋葬，大多数人根本看不懂其中真相——普通游客自然如此，甚至有时连专家也一样。帕拉蒂尼山上留有一些体现王政时代罗马家庭生活的遗迹，可就像帕拉蒂尼山上的其他遗迹一样，复原这些古迹需要考古学上的想象力，通常还要配合20世纪的修复与重建。

正是在古罗马广场内部及周边——在山谷及周围的山丘上——人们发现了最丰富的古罗马历史。从奥古斯都“留下一座大理石城”的遗言中我们可以推断出，他所继承的那座由砖块建成的城市几乎被彻底改造，只为后来的罗马城提供形式与目的上的参考作用，留在地表上的痕迹则少之又少。在通向帕拉蒂尼山上最古老的人类定居地遗迹的路上，有一座法尔内塞花园（地图1.1中的28），后来人们发现，这座花园已经不再是17世纪留下来的古迹，而是20世纪人们用来展示古代园艺而重建的新花园。

想了解罗马最初几个世纪的历史，也就是古罗马广场、帕拉蒂尼山和卡比托利欧山这些古代罗马的核心一带，或者是奎里纳尔山、特拉斯特弗列以及阿文丁山这些后来扩张的区域，我们须在当代学者的研究、延续数个世纪的重建复原，与罗马共和国时代晚期及罗马帝国的历史学家留下的历史记录（集合了编年史、传说和神话）之间拿捏好分寸。在《早期罗马和拉丁姆》一书中，克里斯托弗·史密斯提醒我们，神话不存在“地层学”——人们不能像考古学家那样，在土地中挖掘、寻找证据。[5]但缺少证据本身并不是反证。在研究并感受一座沉浸于传说的城市时，人们必然面临一种风险，即起初没有认真对待传说，但后来又出现证据证明传说具有真实性。回想疑似狼洞的发掘经历，20世纪80年代末考古学家安德里亚·卡兰迪尼进一步强化了这一观点。

根据自己在帕拉蒂尼山的发现，卡兰迪尼提出，罗马的首任国王与最初的城墙可以追溯到公元前8世纪中期。那是在历史上真实存在的罗慕路斯，他建立了罗马这座城市，划定了城市范围——那是一种精神象征意义上的城市，而不限于地理上的范围。证据也许不支持传统上所说的公元前753年这个时间点，但卡兰迪尼坚称在公元前8世纪4月的第21天，有人做出了建城的决定。这是一次更偏向精神层面而非确定防御范围的行为，人们划定了城界，这条界线是神圣化了的城市疆域（*pomerium*）。在共和国时期，一位将军因为越过城界进入城市而失去了军事指挥权；神兆如果超越城界便不再有意义；保民官（五到十名由平民会议选出在元老院中任职，代表平民利益）只能在罗马城内行使权力。罗马人可以（最终也确实）随意获取土地（作为公共土地或罗马土地，但这些土地通常由私人掌控，范围延伸到了各行省和殖民地），可只有举办盛大的仪式，罗马才能改变城界。

卡兰迪尼对上述考古发现的解读自然引来了争议，硬说古代柱子留下来的洞支持事实与神话相吻合，无异于“无中生有”。[6]不管历史上究竟发生了什么，至少我们知道这些事件因谁而起，在何时发生。

## 塞维安城墙

不久之后发生的一切，均在城墙范围内，并由城墙保护。这时的罗马不再限于城市第一个繁荣时期方形罗马的范围。公元前4世纪的城墙内的罗马是一座成熟的城市，也是意大利半岛上最大的城市，这座城市很快将突破自身边界。取而代之的奥勒良城墙至今留下了很多遗迹，而塞维安城墙大多遭到损毁，仅剩几段残缺遗迹。人们长久以来一直认为某一段塞维安城墙是罗慕路斯修建的，从这个角度来说，城墙和城市共同成长发展。根据李维的记载，到公元前6世纪末，罗马由城内的四个部族区域组成——苏布拉纳、埃斯奎里纳、科林纳和帕拉蒂纳，命名均源自地形特点，以卡比托利欧山作为罗马的军事要塞和宗教中心，另有二十六个城外的部族区域，因此聚集在罗马旗帜下的部族区域共有三十个。李维描述了罗马的防御能力在历史上的阿里亚河之战及公元前387年前后发生的高卢之灾中面临怎样的重大挑战——塞农人的进犯逼迫罗马撤退至要塞，尽管饱受创伤，但要塞始终没有陷落。据说塞维安城墙从公元前387年开始建造，即罗马对上述事件做出的反应。

至于这个故事与公元前4世纪围绕埃涅阿斯、罗慕路斯和雷穆斯的故事出现越来越多细节上的巧合，也许我们可以归因于费边·皮克托尔（他被人知晓，很大程度上因为他的历史记录以及对李维的影响）。那时距离上述三人的时代已经过去很久，罗马已经成为有神话和历史记载支持的强大力量。建造塞维安城墙意味着罗马人可以留在罗马，无须迁移到别处。和罗马神话一样，城墙就是一种自我确认的形式。在接下来的一个世纪里，突然对土地充满饥渴的共和国通过萨姆尼特战争征服了意大利半岛的大部分区域。此后，罗马在公元前3世纪和2世纪分别发动了与迦太基和希腊的战争。在罗马称霸整个意大利和地中海地区之前，我们似乎很容易就能找到罗马人蓄谋已久或者主动防御的证据。这是费边之后的李维所提出的，他们因此为城墙赋予了复兴罗马共和国这一更深刻的意义。

如果你抵达罗马时选对了交通工具，塞维安城墙遗址，也就是公元前4世纪建成的城墙，也许是你最先看到的景观之一。在特米尼车站外，我们在五百人广场（地图Ⅰ中的7）上可以看到两段城墙，另有一段城墙位于车站地下购物广场上麦当劳的旁边。考古学家在车站24号月台下方（地图Ⅰ中的9）的位置发现了另一段城墙，从菲乌米奇诺机场乘坐列奥纳多特快的乘客就是在这里下车。向南走，距离车站几个街区的曼弗雷多·凡蒂广场（地图Ⅰ中的12）上，19世纪建成的水族馆前方的花园里有一段城墙遗迹。我们在圣维托、莫德斯托和克雷谢齐亚这个小教堂的地下也能找到一段城墙（地图Ⅰ中的15，这个教堂至少可以追溯到9世纪），教堂旁边是一座风格不协调的圣阿方索·利古里教堂——一座新哥特式教堂（地图Ⅰ中的14），19世纪50年代由斯克茨曼·乔治·怀利设计。还有一段城墙遗迹在埃斯奎林山顶的梅塞纳斯礼堂（地图Ⅰ中的21）里。

距离上述一圈有点距离的地方，在阿文丁山脚下，从圣保罗门（地图Ⅰ中的32，在年代较晚的奥勒良城墙中）步行不久，另有两段城墙以阿尔巴尼亚广场（地图Ⅰ中的30）为起点，并立在圣安瑟莫街边，其中一段还有一座防御拱门。尤加留斯街（地图Ⅰ中的22，历史上通往古罗马广场）地下的一段城墙曾经守护过卡比托利欧的山脚，大那波利广场的环岛上，在中世纪建造的民兵塔的影子下，我们可以找到建造这部分城墙的两截儿黄色石块，不远处，在阿尔多布兰迪尼别墅的箱式花圃下方，人们也发现了不少其他石块。在旁边主要由政府办公楼组成的街区（当然，这些建筑建造在其他城墙遗址之上），我们还能找到两段规模不小的城墙遗址，这两段城墙在吉奥苏埃·卡尔杜齐街（地图Ⅰ中的5）与皮埃蒙特街交会的不远处。[7]

不管对专业人士还是对游客而言，人们能做的就是以散落各处的城墙遗迹为基础，尝试去想象。塞维安城墙的线路本身可能不是很有吸引力，可当我们想了解公元前4世纪被塞维安城墙包围的罗马城究竟有多大时，情况变得有趣起来。然而，在共和国时代初期，罗马抛弃了台伯河及西岸地区（因此不包括梵蒂冈的平原和山丘，奥古斯都划定的第十四区以及临近的特拉斯提弗列及贾尼科洛山），南部的边界没有超过阿文丁山。

在这个时代，罗马已经占领了高地区域，河流起不到太多天然防御的作用。那一小片区域只靠脚步就可丈量，如今仍可一试，与20世纪和21世纪的巨大都市形成了鲜明对比。不论公元前753年的古人到底有没有在帕拉蒂尼山脚下的土地上挖开第一条沟壑，也不论罗马的城市防御是否进行了系统性扩张，以便将王政时代与共和国时代的新增区域纳入其中，但在公元前4世纪前几十年的某一刻，罗马城（以及与之紧密相连的城市概念）用城墙得以确立。这为后世设置了标杆，其蕴含的历史意义也随之留存。

## 七丘之城

沿着塞维安城墙的遗迹走一走，我们理解了罗马从何而来。城墙内的历史非常悠久，虽然第一眼看到这座城市时，

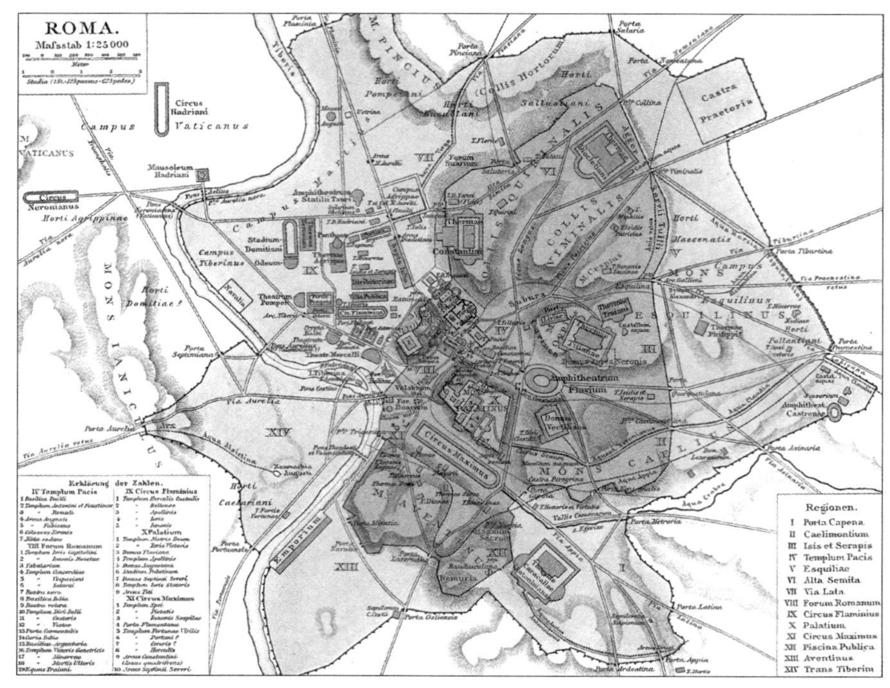


图1.3　古斯塔夫·德罗伊森的罗马地图（1886年）。

你就知道它有着丰富的历史，但其丰富程度远超你的第一印象。现在，我们离开早期共和国城市的边缘，转而关注内部的地貌。这是另一种理解早期共和国城市的方式。共同建立了罗马的人们长久以来定居此地，而他们也塑造了建城之初几百年整个城市的风貌。初次与罗马相逢就想拆解它的不同层次，难度自然很大，考虑到古老文明遗迹仍在不断塑造这座城市，那更是如此了。

德国历史学家古斯塔夫·德罗伊森在1886年出版的一份地图中，描绘出了人们面对“古代罗马”（图1.3）时遇到的一些问题。他将古代罗马的两个关键时期——以塞尔安城墙为界的罗马共和国和迅速超越以上界限的罗马帝国——叠加在一起，将五百年里渐次出现的建筑压缩在一起，将一座城市遥远而发达的古代压缩为一种同质化的形象。这是典型的描绘罗马古迹的地图，也是一个不了解罗马历史遗迹的人的典型体验。我们从这张地图上可以看出，1世纪的弗拉维圆形剧场（即罗马斗兽场）以近乎天生的权威姿态，占据了一座由城墙定义的古老城市的中心，然而它却从未包含在城墙之中。对于如今的城市体验者来说，塞维安城墙曾形成的边界，已不再是任何标准。

在一个建筑物和基础设施总被不断修建和损毁的地方，地形地貌似乎更能长久地保留下来。德罗伊森的地图上，罗马的七座山丘整齐地聚集在塞维安城墙内。德罗伊森画出了人口稀少的阿文丁山，上面更多的是低矮的公寓或排屋，而不是有着高高天井的罗马式房屋，而帕拉蒂尼山上则满是神庙和贵族住宅。两山之间是巨大的古代赛马场马克西姆斯竞技场，这个竞技场最早可以追溯到公元前6世纪，如今变成可供人们自由行走的空地。它那长长的中心线向东南延伸，与著名的亚壁古道相交，向西北则与屠牛广场及马克西姆下水道（地图Ⅰ中的24）的入口交会，后者是罗马城的主要排水管道，可以让容易发生洪水的城市低地排出多余的水流。

屠牛广场（地图Ⅰ中的23）是一个规模庞大的牲口市场，建成的时间早于商场河港（地图Ⅰ中的29），后者建于公元前2世纪，是罗马城的主要河港。如今河边仍立有两座神庙，就在希腊圣母堂和真理之口的对面。其中一个是圆形神庙，可能是献给大力士赫拉克勒斯的神庙遗址，另一个是献给港口之神波图努斯的神庙。沿着广场周边，卡比托利欧山、帕拉蒂尼山和阿文丁山高耸于台伯河滨，奠定了罗马的西部边界。从南到北，西里欧山、埃斯奎林山、维米那勒山和奎里纳尔山形成了一道弧线，形成了城市东部的边界。其中最靠北的奎里纳尔山可能早在公元前6世纪时，通过罗马人和萨宾人的融合，被纳入不断扩张的罗马城版图中。

围绕罗马的这些著名山丘，人们进行了大量活动，以至于这些山丘至今虽仍是城市地形地貌的一部分，可经过长期的填埋、平整和排水，这些山丘与两千年前相比已经不那么显眼，不再如曾经那样是城市天际线中最显眼的景色。我们可以猜测最初七座山丘（不是命名了七丘节这一古老庆典的那些山）的形态，但我们是以现代人的眼光推测，作为城市的一部分，多年来它们早已随着城市的变迁而发生改变。尽管历史谬误难以避免，但从一座山丘到另一座山丘不仅行程相对轻松，而且途中有很多消遣，让人可以直接感受两千五百年前罗马城的规模。

考虑到山丘上还有很多古代文明生活的痕迹未被发掘，和卡比托利欧山一样，帕拉蒂尼山也很有可能属于最初的七座山丘，前文我们已分别介绍过这两座山丘。如今，沿着圣撒比纳街（地图Ⅰ中的28）我们可以抵达阿文丁山的顶峰，圣撒比纳街的名字源自一座建于5世纪的道明会大教堂，道路的终点是马耳他骑士团的一座小修道院（地图Ⅰ中的27）。低矮的西里欧山上有大片的公共花园，其中包括16世纪的马泰别墅，现在被称为伽利蒙塔纳别墅（地图Ⅰ中的26），还有圣约翰和保罗大教堂（地图Ⅰ中的25），这座教堂最初建于4世纪末。继续向北走，从斗兽场延伸出来的斜坡经过了尼禄金宫遗址（地图Ⅰ中的19），如今经过大规模重建后向公众开放，最后到达埃斯奎林山上的图拉真浴场（地图Ⅰ中的

20）。向北走，沿着梅鲁拉纳街可到达5世纪修建的圣母大殿，经过加富尔街（地图 I 中的11）可抵达特米尼车站以及前方的戴克里先浴场（地图 I 中的6）。两座历史悠久的山脊——壮观的维米那勒宫（地图 I 中的10）耸立其上的维米那勒山和被奎里纳尔宫（地图 I 中的4）及其庞大花园占据的奎里纳尔山，二者的交会处是浴场的遗址所在，如今民族街实际上成为二者的分界线。

对于迫切渴望感受共和国时代罗马城市气息的读者来说，沿着塞维安城墙遗址走一圈可能会让他们感到失望。一方面，这一路线仅有几处仍能反映地形地貌特点的街道样式和城墙幸存，而即便在没有城墙的地方，也没有多少可驻足观察的东西。就连山峰的壮观程度，也因为几百年来的人类活动而变得越来越减弱。人们利用公共工程填平低洼地区，或者一层一层地建设，在城市人口最密集的区域不断调整地平线的高度，不断削平山头，填充山谷。其中一个典型的例子是18世纪的乔瓦尼·巴蒂斯塔·皮拉内西描绘的古罗马广场上塞维鲁凯旋门（地图1.1中的12），它已被半埋在土中，不是因为建筑物的沉降，而是城市地面随着时间推移不断抬高。另一方面，作为一个现代都市和重要欧洲国家的首都，罗马现在早已轻松越过历史边界。因此，第一座城墙除了给我们留下古代失落的城市与现代世界交织在一起的印象外，再难引起我们的其他共鸣。然而，我们的确可以站在曾经的罗马城之外，跨过台伯河抵达特拉斯提弗列或梵蒂冈；从米开朗琪罗设计的卡比托利欧广场的宽大台阶走下，向北或向西进入战神广场的平地；登上苹丘，拜访博尔盖塞别墅，或者沿着威尼托街走到巴贝里尼广场。在公元前4世纪中期，这些地方尚未成为罗马。

远在罗马共和国时代的边界之外（从历史悠久的中心区乘坐地铁也要花不少时间），是一片现在被称为“EUR区”的地方，这个名称源自原计划在1942年举办的罗马万国博览会，不过那届博览会最终未能举办。在那里的罗马文明博物馆里，有一个1994年制作的王政时代末期的城市模型，出生在共和国时代的罗马人应该能认出城市的模样。那座罗马城高耸于容易发生洪水的战神广场上方，城市是一片独立区域（图1.4）。然而它的中心却是卡比托利欧山、帕拉蒂尼山和奎里纳尔山南部支脉之间的山谷。从城市边缘走到这里，我们至少解决了前面遇到难题之一。站在古罗马广场上，我们不大可能看到公元前4世纪的人们看到的景象，也很难看到公元前2世纪的模样。然而从各种角度上来说，古罗马广场如今是——且在过去一千年里一直是——这座城市的中心，现在让我们回到这个中心点上。

图1.4　洛伦佐·奎利奇制作的《古代罗马模型》（1994年），藏于罗马文明博物馆。

## 古罗马广场

在了解古罗马广场的层次以及复杂性上，没什么能比得上大卫·沃特金的《古罗马广场》一书。对任何拜访罗马的人来说，这本书都是极佳的参考资料。[8]某种意义上，古罗马广场是可以分层的。只要拥有正确的方法和合理的想象，我们就能沿着广场中间的大道走进不同的时代，看到它在共和国时代初期、汉尼拔入侵意大利时、辉煌的罗马帝国时代、中世纪或现代的样子，但很少有人拥有重建这些场景必需的工具或想象力。因此古罗马广场只能是众多历史的集合之地，现实正是如此。通过考古挖掘和文献分析，我们可以（而且已经成功做到）复原古罗马广场的众多历史层级，这始终是一个不断变化的场景，不仅因为各种事件和建筑的积聚，也取决于继任者们是赞美、展示还是忽视集结在此的丰富多彩的历史。

我们在后文中将看到，尤利乌斯·恺撒去世前，广场上建起了四座神庙，正如卡斯托尔和波吕克斯神庙（地图1.1中的24）的遗址一样，遗址上饱经风霜、风格显著的三个科林斯式立柱，表明神庙应当建成于帝国时代，而非共和国时代。古罗马广场自诞生起便不可阻挡地发生着巨大变化，那些不再被罗马需要的建筑与机构逐渐被人忘却，以致破败。

这就给那些希望展现古罗马广场历史的专家带来了一个难题，他们需要分离历史的不同层级。多少代的古文物研究者和考古学家都试图在历史遗迹的理性知识及其引发的想象之间，在残迹和连贯的画面之间寻求平衡。在古罗马广场，宗教与崇拜经历了明确而巨大的改变。曾经集中在这里的行政机构均搬到了别处，多少个世纪以来由于人们对各种建筑工程的需求，古罗马广场上建筑物的大理石、黄金和铜统统被搬走，这其实心照不宣地认定了古罗马广场对罗马城所具有的重要象征意义。事实上，透纳在1839年绘制了一幅描绘古罗马广场的画，名为《现代罗马—凡西诺广场》，以纪念他在那里的众多建筑物之间看到的牛群。古罗马广场并非一座建筑，它既不是单一的，重要性也毋庸置疑。

即便如此，在一个不断变化的地平面之上或之下，古罗马广场将几百年跨度中的值得改建、精心制作、重建与调整的痕迹保留下来，正是这些记录了古罗马广场作为交易场所、辩论与决议场地以及在其他众多层面上所具有的重要意义。如今我们对古罗马广场的看法，可能多半不同于经历过帝国时代的人们。那个年代以尤利乌斯·恺撒计划重修那些年久失修的建筑物为开端（其中很多被他的继任者完成），随后不断扩大最初的古罗马广场范围，使之更好地为罗马作为“世界之都”的庞大的贸易活动服务。我们的目光既会停留在建于一千八百年或两千年前的建筑上，也会落在20世纪竖起的纪念碑上，这些纪念碑正是用来纪念消失于时光之中的历史遗迹的。

如果说阅读《古罗马广场》有助于了解概况，那么我们不妨也读一读由古典文化研究学者沃尔特·丹尼森在一百多年前写下的一篇短文，想象演说家西塞罗在公元前63年担任执政官时能看到怎样的古罗马广场（图1.5）。就是在这一年，西塞罗在演讲台上通过煽动民众反对贵族元老卢修斯·塞尔吉乌斯·喀提林，揭露了后者妄图推翻共和国的阴谋。由于这篇文章本身相对古老，所以我们需要对照古罗马广场的最新考古发现（如克拉里奇的《牛津考古指南》或游览俱乐部的导览《罗马》[9]中所记录的），不管准确性如何，行走在古罗马广场间隙，读一读权当休息仍是很愉快的体验。相比我们仅凭第一印象而对罗马共和国产生的想象，这篇文章描绘出了一个不一样且更为古老的古罗马广场。

我们可以迅速得出结论，与最早排干山谷中的水流、建立户外集会场的古代时期相比，古罗马广场在西塞罗时代已经得到了很多发展。其中最古老的建筑是可以追溯到王政时代的马梅尔定监狱（地图1.1中的11和图1.5中的5，卡比托利欧山上还能找到一段残余），黑石下的建筑，即灶神庙（地图1.1中的25和图1.5中的13，在某种程度上因20世纪的重

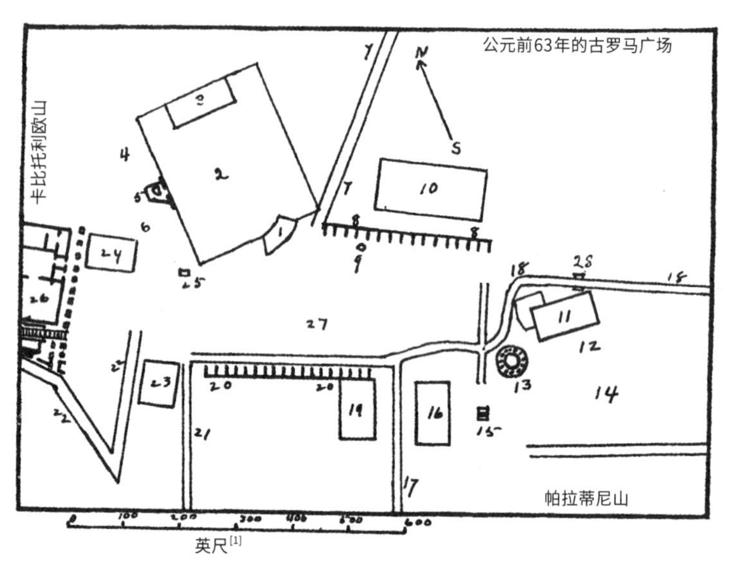


1. 演讲台
2. 户外集会场
3. 元老院
4. 波西亚巴西利卡
5. 监狱
6. 奥比米亚巴西利卡
7. 阿尔吉列图姆
8. 古罗马私人银行（新）
9. 下水道的维纳斯神殿
10. 富尔维亚–艾米利亚巴西利卡
11. 雷吉亚
12. 公宅
13. 灶神庙
14. 贞女之家
15. 朱图尔纳之泉
16. 卡斯托尔神庙
17. 土斯古斯区
18. 神圣大道
19. 塞姆罗尼亚巴西利卡
20. 古罗马商铺
21. 尤加留斯街
22. 卡比托利欧街
23. 农神庙
24. 协和神殿
25. 火神祭坛
26. 罗马国家档案馆
27. 库尔提乌斯湖
28. 费边凯旋门

图1.5 《西塞罗看到的古罗马广场》，沃尔特·丹尼森注释，1908年。

[1] 英尺：1英尺=0.3048米。

建，至今依然可见），以及雷吉亚（地图1.1中的26和图1.5中的11）。雷吉亚曾经是古罗马广场上最耀眼的建筑，这里最初是罗马国王的王宫，但在共和国时代（公元前63年也是如此）变成了大祭司的办公场地。大祭司主管罗马宗教事务，由大祭司团竞选出任（尤利乌斯·恺撒在公元前63年当选大祭司）。如今只剩轮廓的雷吉亚位于灶神庙及其附属的维斯塔女祭司的住处前方，三者均位于罗马最古老、最有象征意义的神圣大道（地图1.1中的22和图1.5中的18）沿线。

演讲台位于户外集会场及赫斯提亚元老院外人工铺筑的区域边缘，西塞罗站在上面向罗马市民发表演讲。很快，西塞罗的雄辩就会抵达听众，那时，用丹尼森的话说，“罗马公民仍然参与公共事务，共和整体仍未失去意义”。[10]在古罗马广场的同一处，公元前121年，卢修斯·欧皮米乌斯担任执政官时在卡比托利欧山脚下建起了协和神殿，后来大部分被1世纪时建起的孔科耳狄亚神庙（地图1.1中的9）取代。欧皮米乌斯因未经审判而处决三千名盖乌斯·塞姆普罗尼乌斯·格拉古的支持者而臭名昭著。此前，格拉古在那一年竞争执政官未果后，曾与欧皮米乌斯在阿文丁山爆发大规模冲突。公元前210年的一场大火，为西塞罗后来所见的一系列新建筑腾出了地方，其中包括富尔维亚巴西利卡（公元前179年），后被重建为艾米利亚巴西利卡（又称“波利巴西利卡”，可以追溯到公元前55—前34年，地图1.1中的20和图1.5中的10），最初被当作市场使用，如今在被修复的元老院旁边还能清楚地看到这个建筑物的轮廓。

这个巴西利卡在共和国早期曾是屠夫的工作场地，又在公元前4世纪被银行占据，是古罗马广场最初的四座巴西利卡之一。加图的波西亚巴西利卡（地图1.1中的15和图1.5中的4）是其中最古老的，可以追溯到公元前184年；富尔维亚巴西利卡完工于波西亚巴西利卡建成的五年后，是其中保存最完整的巴西利卡，虽然在410年亚拉里克率领西哥特人攻陷罗马城后，它几乎没有剩下多少可供炫耀的遗迹；提比略·塞姆普罗尼乌斯·格拉古在公元前169年建造了塞姆普罗尼亚巴西利卡（地图1.1中的23和图1.5中的19），奥比米亚巴西利卡（地图1.1中的10和图1.5中的6）建于公元前121年。艾米利亚巴西利卡与户外集会场被阿尔吉列图姆（地图1.1中的19和图1.5中的7）分隔两边，阿尔吉列图姆是一条从北向东连接古罗马广场与苏布拉的道路。苏布拉是罗马最穷的一个区，以各种犯罪活动闻名（斯特凡诺·索利马2015年拍摄的一部犯罪题材电影就以此为名）。关于古罗马广场在那个时代的特征，丹尼森经过深思熟虑后，做出了以下猜测：

公元前63年的古罗马广场上很可能有一块平地，可能很破旧，但其外观及结构对周边优雅的希腊风格建筑并没有太多影响。此外，广场上的建筑相对较少，也不那么高；某种程度上，卡比托利欧山上的神庙和新建的国家档案馆（地图1.1中的7和图1.5中的26），以及帕拉蒂尼山上罗马贵族（比如西塞罗）的私人住宅，这些高高在上的建筑使得在古罗马广场上只占较小比例的那些建筑物变得更加突出。我们对那个时代古罗马广场遗迹的印象，大概和对如今被火山泥灰包裹的庞贝城的墙壁和立柱的印象差不多。[11]

那个时代的古罗马广场不像公元前1世纪40年代之后那样，还没有变成装饰华丽且人潮汹涌的地方。公元前1世纪40年代后，尤利乌斯·恺撒从高卢回到罗马，他那短暂的独裁生涯为罗马开辟了一条由皇帝而非元老统治的道路。可即便在较简陋的时代，古罗马广场也允许罗马公民在此聚集，从事贸易或进行政治活动，参与游戏，听公开演讲，参与辩论，或者参与市政或宗教仪式。古罗马广场的北部和南部边缘是各种市场摊位（分为新摊位和旧摊位）。协和神殿和雷吉亚之间的区域相对空旷。

雷吉亚的旁边是大祭司的家宅，也就是公宅，这也能解释大祭司的办公场地为何后来扩张到了雷吉亚。灶神庙旁边是一片泉水，在公元前496年（或者公元前499年）罗马在雷吉鲁斯湖之战战胜拉丁同盟后，斯巴达王后勒达的儿子们就诞生于这片水域上。他们分别是勒达与斯巴达国王廷达柔斯的儿子卡斯托尔，以及勒达和宙斯的儿子波吕克斯，两人也是特洛伊的海伦与克吕泰墨斯特拉的兄弟。他们的出现让短命的共和国赢得了战争胜利。水域旁有一座纪念两人的规模相对较小的神庙（最初的神庙可追溯到公元前484年），这座神庙先后进行过两次重建，一次是在西塞罗时代，另一次是在公元前1世纪一次火灾后由提比略重建。废墟对面，帝国时代建造的卡斯托尔和波吕克斯神庙留存的三根立柱，从15世纪开始就立在那里。横跨过神圣大道的是雷吉亚［如今是一座巴洛克风格的教堂，名为米兰达圣洛伦佐教堂（地图1.1中的21），其中包含2世纪建造的安托尼努斯与法乌斯提那神庙的一部分］所在地，我们能看到一座拱门，用于纪念将军、执政官（也是独裁者）昆图斯·费边·马克西姆斯在公元前121年对阿洛布罗基斯人的军事胜利。

回身看向卡比托利欧山，我们能看到农神庙（地图1.1中的8和图1.5中的23），其所在地是最早可以追溯到公元前5世纪的一片祭祀场地。公元4世纪当基督教被制度化、异教崇拜被犯罪化后，新旧开始融合，12月中旬的农神节让位于圣诞节。我们现在看到的是4世纪贵族式的反抗行为。在罗马转为信仰基督教的时代，他们以农神的名义建造了一座神庙，但没过多久，农神崇拜就被认定为非法。在元老院的守护下，罗马的国库就设在这座神庙里，尤利乌斯·恺撒返回罗马时占领的正是这座建筑。丹尼森继续写道：

> 抬头看向卡比托利欧山，我们在左边和右边分别能够看到高耸的朱庇特神庙和要塞，在要塞旁边还能看到朱诺天后神庙的上半部分（大概在东段下方，最有可能位于现在天坛圣母堂的位置），前往卡比托利欧朱庇特神庙路上的一条岔路可以通向这座神庙。朱诺天后神庙被国家档案馆遮挡了一部分，后者不久前（公元前78年）在昆图斯·路泰提乌斯·卡图鲁斯的命令下，于卡比托利欧山坡上拔地而起，俯瞰着古罗马广场（国家档案馆的墙壁如今嵌于中世纪建造的元老宫之中）。[12]

## 从定居地到城市

完成古罗马广场之旅后，丹尼森（我们也一样）回想起西塞罗结束执政后见证的古罗马广场和罗马共和国的众多变化。塞姆普罗尼亚巴西利卡和两排市场摊位被拆除，为建造更大的建筑腾出了空间；人们开始建造新的元老院议事堂，用来取代赫斯提亚元老院；尤利乌斯广场开始奠定地基，这预示着曾经作为罗马生活中心的古罗马广场的重要性在帝国时代将不断下降。不过中心区域作为进行贸易、立法与宗教活动的最重要场地，整座城市还是围绕它不断巩固强化。

随着时间推移，罗马的地区影响力大大提高，人口不断增长，但其历史模式却沿着一个直白的逻辑发展：有权有势的家族向贸易与权力靠拢，由此导致公共广场周边一度集中了众多大型私宅，帕拉蒂尼山上也出现了类似的房屋。公元前2世纪建造的这些巴西利卡取代了一些大型带中庭的单层建筑（*domus*），这些建筑由罗马权贵家族所有，位于帕拉蒂尼山、神圣大道沿线以及其他通往市中心的路上，以公共广场为中心聚拢，当时的公共广场是做出影响商业、政府、税收和外国关系的重大决策的地方。从这个层面出发，接近公共广场就是接近权力。随着人口增长，人们开始占据大量郊区土地，《伊其利乌斯法》因此允许平民占据阿文丁山，同时在那里扩建大量拥挤的平民住宅。战神广场的重要性不断提高，对移民而言尤其如此。

这是一个声望不断提高的城市，城市空间要反映出城市的强大，以纪念重大的军事胜利，供奉数量不断增加的天神，也要满足数量庞大的城市人口的需求，到公元2世纪时，罗马城市人口达到巅峰，下一次再出现这么多人是将近两千年后的事了。与迦太基和希腊的战争结束后，波里比阿大受激励，他在公元前2世纪写成的《历史》一书中宣称："罗马人究竟依靠什么手段、在什么政治体制下，用不到五十三年时间便几乎将所有可居住之地征服，置于自己的统治之下？不想了解这个独特的历史事件的人，既无价值又极其懒惰。"[13]传说波里比阿试图用四十卷的《历史》解答这个难题，而塔西佗也在公元109年的《编年史》中交出自己的答案：

> 罗马最初由国王统治。自由与执政官制度由卢修斯·布鲁图斯设立。临时爆发的危机导致独裁出现。十人委员会的权力维持了不到两年，军事保民官的执政权持续时间也不长。秦纳和苏拉的专制时间很短，庞培与克拉苏的统治很快就被恺撒取代，奥古斯都执掌大权前由李必达和安东尼掌控军队，当世界因为国内冲突而饱受煎熬时，奥古斯都以"首席元老"（Prince）的头衔将其归于帝国统治之下。[14]

塔西佗对罗马最初7个世纪历史的描述非常简单粗略，但也提供了足够的信息，我们已从古罗马广场所在的山谷出发，走到了它的尽头，现在让我们进入作为帝国中心的罗马生活。

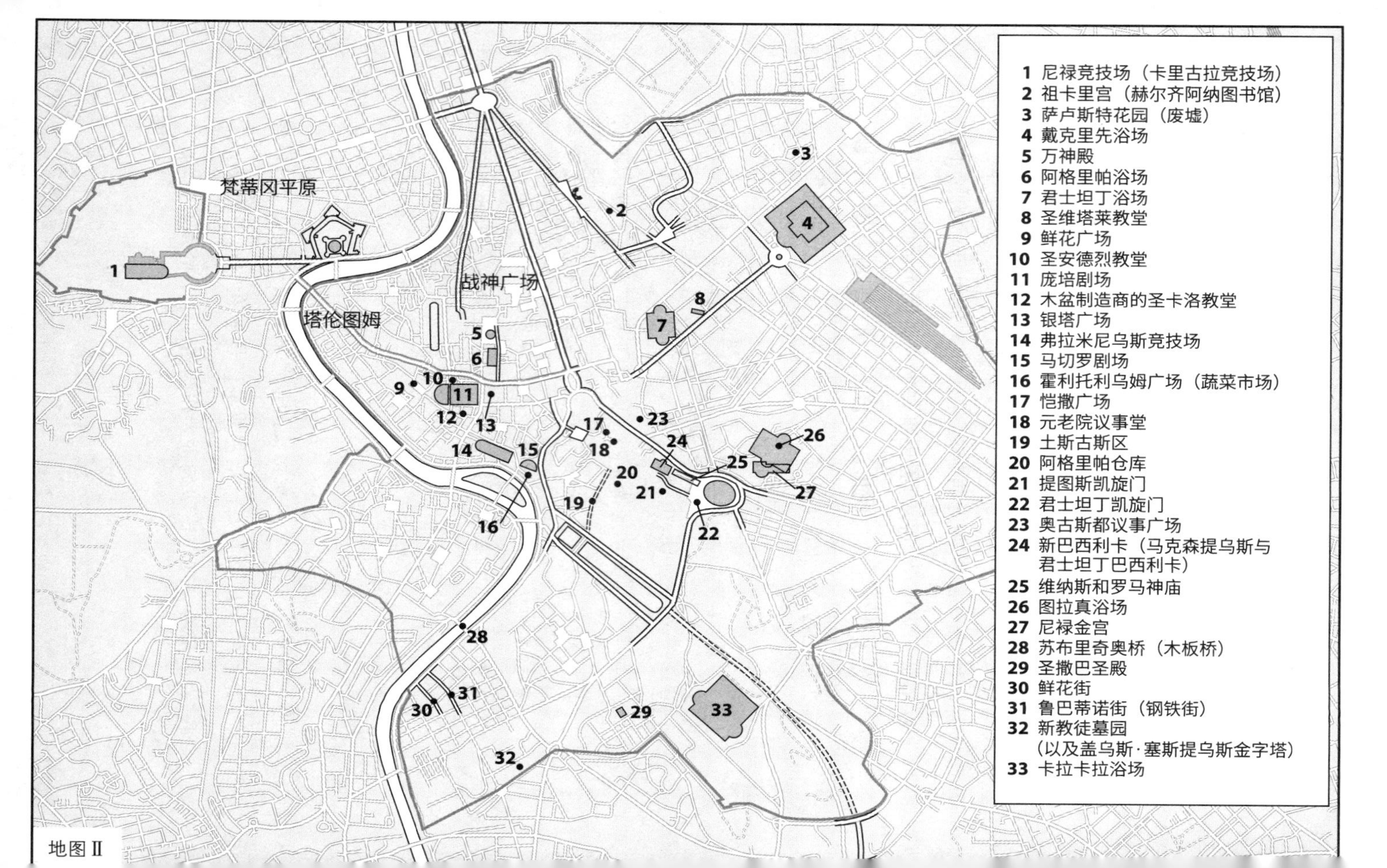
梵蒂冈平原
战神广场
塔伦图姆
1 尼禄竞技场（卡里古拉竞技场）
2 祖卡里宫（赫尔齐阿纳图书馆）
3 萨卢斯特花园（废墟）
4 戴克里先浴场
5 万神殿
6 阿格里帕浴场
7 君士坦丁浴场
8 圣维塔莱教堂
9 鲜花广场
10 圣安德烈教堂
11 庞培剧场
12 木盆制造商的圣卡洛教堂
13 银塔广场
14 弗拉米尼乌斯竞技场
15 马切罗剧场
16 霍利托利乌姆广场（蔬菜市场）
17 恺撒广场
18 元老院议事堂
19 土斯古斯区
20 阿格里帕仓库
21 提图斯凯旋门
22 君士坦丁凯旋门
23 奥古斯都议事广场
24 新巴西利卡（马克森提乌斯与君士坦丁巴西利卡）
25 维纳斯和罗马神庙
26 图拉真浴场
27 尼禄金宫
28 苏布里奇奥桥（木板桥）
29 圣撒巴圣殿
30 鲜花街
31 鲁巴蒂诺街（钢铁街）
32 新教徒墓园（以及盖乌斯·塞斯提乌斯金字塔）
33 卡拉卡拉浴场
地图 II

第二章

# 罗马，世界之都

在庞培剧场 / 奥古斯都的罗马 / 斗兽场 /
食物、农场与花园 / 万神殿 /
浴场与日常生活 / “去罗马……”

## 在庞培剧场

罗马历史上很少有像刺杀尤利乌斯·恺撒这样的事件，它深深嵌入欧洲的文化肌理中。我们知道恺撒的死亡时间，知道他死于谁手（至少其中一双手杀害了他）。多亏了莎士比亚，我们大概还自认为知道恺撒死前说了什么（HBO拍摄的电视剧《罗马》尽管对此添油加醋，但恺撒之死的场面拍摄得非常优秀）。但我们很容易忘记，尽管伟大的独裁者恺撒是在古罗马广场上被火化的，但毫无疑问，恺撒并非在这里被杀。相反，按照历史学家的记载，刺杀恺撒发生在庞培剧场外的元老院，这个剧院是由号称“伟大的庞培”的格奈乌斯·庞培乌斯·玛格努斯在公元前44年，也就是他第二次担任执政官那年修建的。庞培曾三次担任罗马的执政官，与尤利乌斯·恺撒及马库斯·李锡尼·克拉苏结为秘密同盟（Amitica）。这是一种反对元老院的政治同盟，以军事力量为支撑，该同盟从恺撒第一次担任执政官（公元前59年）开始，结束于同盟中的薄弱力量克拉苏之死，他在公元前53年担任叙利亚总督期间被帕提亚人杀死。恺撒第一次担任执政官期间出现了被很多人委婉地称为“反常”的行为，他在公元前1世纪50年代时曾长时间且命运般地停留于罗马以外，他进入意大利北部和法国南部（甚至远到英国），征服了高卢地区（以成千上万人的性命为代价），获取了金钱、土地以及罗马人的效忠，并将影响力延伸至罗马共和国。

公元前49年，长年在外的恺撒终于重返罗马，引发了与前盟友庞培的内战，恺撒赢得了胜利，而罗马人也用传统方式处理了这一危机。他们把执政官这个头衔放在一边，授予恺撒短暂的独裁权（仅十一天），又在公元前48年再次赋予他终身执政官的头衔，直到恺撒修改法律，在公元前44年2月成为终身独裁官。恺撒去过欧洲西部和中部的行省，也到达了罗马在北非的领土，以及罗马依赖的谷物进口地埃及。亚历山大城给恺撒留下了非常好的印象，与之相比罗马无疑相形见绌，回到罗马后，恺撒决心提高罗马的公共建筑和广场的标准，使之符合罗马在世界上的地位。恺撒启动了很多工程，采取大量措施修复被内战破坏的经济。可他的独裁专制最终还是破坏了执政官和保民官制度，身为独裁官的恺撒将这两个职位揽入怀中，而罗马的共和体制一直以来依赖上述两个神圣不可侵犯的职位带来的平衡。恺撒的终身独裁没能长久——甚至比他第一次和第二次担任独裁官的时间还要短——宣布终身独裁后不到一个月，恺撒就在庞培剧场附近迎来了生命的终点。

庞培剧场（地图Ⅱ中的11）位于战神广场的边缘，周边是四座可以追溯到公元前4世纪到公元前2世纪的神庙（图2.1）。和罗马城的大部分地区一样，几个世纪以来，不断有新的建筑在庞培剧场原址上建起，但庞培剧场留给整座城市的印迹却一直保存了下来。我们在3世纪塞维鲁时期的《罗马城平面图》上可以清晰地看到这个半圆形剧场。这部分城市地图如今被收藏于卡比托利欧博物馆中，但刻有地图的大理石却早已成为古罗马广场上圣葛斯默和达弥盎圣殿墙体的组成部分，它们曾是帝国时代和平神庙的一部分（在改建为教堂前，这座建筑名叫罗慕路斯神庙，但祭祀的并不是人们以为的罗马创建者，而是4世纪罗马皇帝马克森提乌斯的儿子）。鲜花广场（地图Ⅱ中的9）以东的格罗塔·平塔公寓酒店围成的半圆形街区中，庞培剧场同样清晰可见，它那引人注目的印迹分别向北、向南延伸，以两座巴洛克风格教堂——圣安德烈教堂和木盆制造商的圣卡洛教堂为边界。人们可以在建于剧场原址的餐馆里用餐，也可以入住那里的酒店。

随着时间流逝，早年共和国时代的神庙之上建起了城市

图2.1　伊塔洛·吉斯蒙迪制作的《君士坦丁时代的罗马模型》(1933—1937年)，这部分模型的中心就是庞培剧场。

广场，而这些广场也越来越以建于其上的塔而闻名。据称，银塔广场上的塔是12世纪伪教宗安纳克勒图二世所建，并以如今的法国城市斯特拉斯堡（拉丁名“阿根托拉图姆”，意为“银色城堡”）命名，广场因此得名。依照1883年的规划方案，人们拆除该地建筑修建维托里奥·埃马努埃莱二世大街时，发现了神庙的部分结构，从那时起，这里就在不断提醒人们，这座城市的表面之下拥有丰富的考古资源。

庞培剧场是罗马的第一座剧场。公元前55年，人们以连续五天猎杀动物的表演为剧场揭幕。据普鲁塔克记载，数百头狮子被杀，另有不计其数从罗马的非洲和亚洲行省运来的动物被长矛刺死，或者遭遇其他“娱乐化”的命运。在最后一天里，共有二十头大象被杀（西塞罗的记录，他身临现场），为观众上演了令人震惊的表演。历史对此如实记录。作为一场公共庆典，庞培剧场的揭幕活动被历史学家普林尼、塞内卡和卡西乌斯·狄奥写进了自己的著作。可真正让剧场的历史地位得以巩固的事件，却是恺撒在这里——剧场的入口处的元老院，在这个上演娱乐活动、进行元老院事务的地方，咽下了最后一口气。刺杀事件之所以发生在这个地方，其实也与恺撒自己有关。恺撒希望将罗马改造成能与亚历山大相提并论的城市，而他启动的建设工程中包括建造一座全新的元老院，即元老院议事堂（地图Ⅱ中的18），以及一个毗邻古罗马广场的全新广场——恺撒广场（地图Ⅱ中的17）。我们在前一章里提到过，如今在古罗马广场能够看到的元老院议事堂已经过大规模的重建，但最初的那座建筑见证了恺撒在3月的那一天走入剧场，走向自己人生的终点。

恺撒之死本身并没有让罗马共和国转变为罗马帝国。在他死后，罗马陷入了近二十年的动荡、战争以及共同统治，盖乌斯·奥克塔维乌斯（屋大维）、马尔库斯·埃米利乌斯·李必达和马尔库斯·安东尼乌斯（马克·安东尼）先是分享权力，随后彼此争斗。公元前31年的亚克兴战役结束后，屋大维成为最后的赢家。元老院在公元前27年授予屋大维“第一公民”（Princeps）和“奥古斯都”（Augustus）的头衔，称他为“皇帝、恺撒、神之子、奥古斯都”（Imperator Caesar Divi Filius Augustus），开启了罗马长达二百五十年的帝国时代。也就是说，从那时起，罗马开始由皇帝统治。历史记录显示，在公元前23年之前，奥古斯都担任过十一届执政官。亚克西战役后，执政官一职每年更新一次，在一些人看来，这就是在罗马共和传统的伪装下赋予屋大维无限制的权力。公元前23年所谓的“第二次和解”[1]为避免更多战争而合法化了上述安排，授予奥古斯都最高权力，将罗马的政治、经济和军事机构置于他的控制之下。

若细数罗马为了巩固自身地位而在古代世界发动的一系列战争，我们的目光就可离开罗马城这片中心地域，但在遥远的土地上进行的军事行动以及不断增加行省数量的罗马，与战利品及和平时期的贡品源源流入的罗马，并不是刻意分割开来的概念。到公元2世纪时，奥古斯都创建的罗马

[1] 第二次和解（Second Settlement）：公元前23年，奥古斯都放弃了执政官职位，但保留了他的执政官统治权，即奥古斯都和元老院之间的第二次和解。

帝国早已突破哈德良城墙界线，直抵英国，并且延伸至美索不达米亚平原上底格里斯河与幼发拉底河的交汇处。罗马将自身权威投射于整个疆域之上，连接起帝国中心与边缘，将各行省或实用或有象征意义的一切带回权力的发源地——罗马城。

## 奥古斯都的罗马

对奥古斯都来说，古罗马广场是帝国的中心。上一章结束时，我们站在古罗马广场，看到的是它在共和国时代的模样和布局，这有点像在验光师那里试戴镜片，与实际看到的结果非常接近，但还未完全合适，我们能在相应的位置上看到大致形状，依稀可以分辨出具体是哪个字母，可分辨的过程非常艰难。不过与验光相似，当我们调整看待帝国时期罗马的视角，就像是直接戴上了合适的镜片。从公元前63年西塞罗的反喀提林演说，到公元前23年的第二次和解，其间发生了很多事。除了那些罗马继续使用的典范，或罗马继续仰赖的机构框架，尤其是和城市与行省管理有关的制度，罗马帝国成为一种大获成功的统治形态，共和国体制因此被抛弃。恺撒着手翻新罗马，以便让城市更能代表一种理念、一种权威。经过一段时间，这些野心在罗马一一实现，古罗马广场和帕拉蒂尼山上到处都是赞颂皇帝、神和征服者的纪念建筑。

在将砖块建造的城市转变为大理石之城的过程中，有了二十多年的战利品为支撑，奥古斯都实现了恺撒当初的愿望。战神复仇者神庙纪念的是屋大维对刺杀恺撒之人在军事上的成功复仇，以及后续一系列让屋大维站上罗马之巅的战役，取得一系列军事胜利后，再也无人能向奥古斯都的权威发起挑战。奥古斯都获得统治权很多年后，奥古斯都议事广场（地图Ⅱ中的23）建成，战神复仇者神庙就此成为奥古斯都议事广场上最有存在感的建筑。城市的发展，不管是人口增加还是范围扩大，都与收获的战利品数量遥相呼应，这也为后来的几十年、几百年奠定了基调。屋大维实现了养父的抱负，他推倒了共和国时代相对平庸的建筑，包括古罗马广场上那些具有传统意义的重要仪式性建筑。屋大维主持重修了古旧的神庙，也修建了这座城市前所未有的壮观的新建筑。

我们看到，屋大维完成了很多由恺撒启动，但在恺撒被刺杀前未能完成的工程，其中就有为了匹配更大城市规模，满足其贸易、外交、税收与城市供应需求而建造的新尤利乌斯广场，此时的罗马城是领土和殖民地不断扩张的帝国中心。屋大维重建并修复了年久失修的神庙，其中包括罗慕路斯建在卡比托利欧山上的朱庇特·费雷特里乌斯神庙（这座神庙甚至有可能是屋大维时代才出现的)。他明白罗马是一座有机而不断发展的城市，而他赋予了这座城市一套经过修正的行政管理逻辑，其中一些沿用至今。

作为城市与议会（元老院）时期城市管理手段之一，及至公元前1世纪末，奥古斯都将罗马地区划分为十四个行政区，其中八个在塞维安城墙内，六个在城墙外。这样的划分反映出经济活动、地形地貌、宗教信仰、人口及社会构成的集中化趋势。每个行政区由一个负责法律和宗教事务的行政长官管理，在罗马人的生活中，法律与宗教密不可分。行政区划表明了罗马城突破了由塞维安城墙确定的城市边界。公元前4世纪时，罗马的城墙曾经环抱意大利半岛上最大的城市，到了公元前1世纪（公元1世纪也是如此），被这个城墙包围的只是一个扩张后的城市的历史中心区。这就像今天被3世纪建成的奥勒良城墙包围的罗马市区和周边郊区之间的关系。

罗马的行政区最初仅以数字命名（图1.3中的德罗伊森地图上做出了标注），但逐渐因为区域内的建筑物、道路和地形特征而获得了名字：卡佩纳门区（I），名字源于亚壁古道起点处的一座城门；西里欧区（II）和埃斯奎林区（V）、帕拉蒂诺区（X）及阿文丁区（XIII）一样，名字源于山丘；伊希斯和塞拉皮斯区（III）的中心区域日后属于暴君尼禄，斗兽场后来也建在这个行政区里；和平神庙区（IV）以皇帝韦斯巴芗建造的神庙（即和平神庙）为中心，这个行政区得名时距离奥古斯都统治时期已经过去很久；阿尔塔·塞米塔区（VI），其范围包括位于苹丘和奎里纳尔山之间的萨卢斯特·尤利乌斯花园（这个名字源于从恺撒那里接手花园的历史学家的姓名，地图Ⅱ中的3），以及很多年后才会出现的君士坦丁浴场（地图Ⅱ中的7）和戴克里先浴场（地图Ⅱ中的4）；位于战神广场的拉塔路区（VII）是以街道命名，这条街后来被称为科尔索大道；古罗马广场区（VIII）、弗拉米尼乌斯竞技场区（IX）和马克西姆斯竞技场区（XI）的名称来源不言自明；小阿文提诺山的公共水池区（XII）是如今圣撒巴圣殿（地图Ⅱ中的29）所在地；台伯河以西还有孤零零的一个区——台伯河外区（XIV，即现代的特拉斯提弗列，地面被贾尼科洛山占去一块），这里曾经是伊特鲁里亚人的定居地，但很早便融入了罗马城。

战神广场在奥古斯都统治时代越来越重要，奥古斯都决定在这里建造自己的陵墓足以体现这一点，接下来两个世纪内不断增加的建筑也巩固了这个广场的地位。公元1世纪行将结束时，图密善在如今纳沃纳广场所在地建造了一座竞技场，这座竞技场有时也被称作阿拉戈纳利斯竞技场（巴洛克风格的圣阿涅塞教堂由此得名），它也成为罗马举办竞技运动的场地之一。在图密善竞技场的东边，尼禄早于图密善二十年就在如今毗邻万神殿（地图Ⅱ中的5）前的广场处修建了浴场。万神殿建于屋大维获得奥古斯都这个头衔之后不久，最初建造这个巨大穹顶结构建筑的人是屋大维的密友兼女婿马库斯·阿格里帕。

阿格里帕是罗马帝国最多产的建筑师之一，罗马城和帝国其他领地上都有他留下的建筑，他在如今万神殿的后部，也就是现在银塔广场方向，在属于他本人的城外广阔土地上修建了浴场。人们总是忘记，战神广场上新旧建筑的更迭在历史上并非简单地直接堆积，而是缘于火灾、洪水或地震。从很多方面来看，整个广场就是一张羊皮纸，在很长时间里被不断覆盖、重写。公元80年，一场大火烧毁了阿格里帕最初建造的那座浴场，也烧光了地面的一切，为图密善腾出空地，让他得以启动重建计划，建造他自己的竞技场。当然，上述建筑均位于城墙之外（也在神圣的城界之外）。可城墙内的建筑，在战神广场对面，罗马的外邦人社区和他们信仰的神慢慢被罗马吸收，影响了城市文化、艺术，以及最重要的众神。

战神广场宽广而平坦的地面与图密善竞技场相得益彰，这两个建筑的关系，就像三百年来战神广场与如今位于银塔广场与卡比托利欧山北侧之间的菱形土地上的弗拉米尼乌斯竞技场（地图Ⅱ中的14）一样和谐。平民主义者执政官盖乌斯·弗拉米尼乌斯·尼波斯在公元前221年划定弗拉米尼乌斯竞技场用作公众娱乐活动场地，尽管随着城市不断扩张，它渐渐被蚕食，但长期以来仍一直被用于举办赛马及其他公众娱乐活动。重要的是，这里是最早举行共和国时期“世纪祭典”[1]的正式场地之一，举办地在纳沃纳广场以西具有重要宗教意义的空地区域塔伦图姆，当时公共娱乐活动的最古老且传承至今的名字就是由这个地名而来，特别是塔伦图竞技庆典（*Ludi Taurii*）。

上述建筑最初用于祭祀冥神狄斯帕忒耳和丰饶女神普洛塞庇娜——这些罗马的神在希腊神话中存在对应的神——他们的祭坛就在塔伦图姆。最早的一场竞技庆典可能于公元前384年举办，当时还是罗马人对伊特鲁里亚人的传统做出调整后进行的活动。罗马人分别在公元前249年和公元前146年再次举办竞技庆典（这两次庆典的历史可信度更高）。后来罗马人计划竞技庆典在每个世代定期举行，以塞库鲁姆（*saeculum*，意思是具体时长不确定的时间段）命名，直到奥古斯都时代才明确世纪祭典约一百一十年举办一次。每次

[1] 世纪祭典（Secular Games/ *Ludi Saeculares*）：通常每一百一十年（当时的一个世纪）举办一次的庆典。

举办庆典时，罗马都会向决定城市繁荣与好运的众神奉上贡品。在公元3世纪前这项赛事只是偶尔举办（以世纪祭典的形式进行），后来命运悲惨的教皇卜尼法斯八世重新使用了“大赦年”（Jubilee）这个概念，并在教廷从阿维尼翁迁回罗马后确立了这个制度——我们将在第四章讲到这些内容。

在帝国时代，每当有人说出“我是罗马公民”（*civis romanus sum*）这句话时，就代表罗马象征着一种权威。卡拉卡拉在公元212年赋予罗马境内所有自由人完整的罗马公民权。罗马城本身就是一个十字路口，连接着罗马帝国治下的所有疆土，也是帝国众神的居住地。竞技庆典源于崇拜与祭祀活动，可即便最铺张、最持久的庆典也不只是一项娱乐活动，而是具有更重要的意义——这样的活动确保了一个社会并非天然就拥有的凝聚力。居住在奥古斯都统治末期的罗马城里的约一百万人，可能大部分都是罗马人，但基本上都不是罗马出身。罗马人包括西班牙人、阿拉伯人、黎凡特人和不列颠人，他们被“罗马”这个名字所唤起的意象吸引而来，聚集至此。罗马也许不是世界上唯一的帝国首都，但作为一座四百年罗马帝国的首都城市，它一直不承认任何合法的边界。

在准备公元前17年夏天的世纪祭典时，奥古斯都希望城市恢复共和国时代的风貌，因为恺撒重返罗马、遭到暗杀等一系列事件引发的内战，给这座城市带来了不小的损失。面对撕裂，他们寻求延续传统，他们将共和国罗马的公民价值与奥古斯都的罗马联系起来，并在他们的记忆中与奥古斯都之后的皇帝的罗马联系起来。奥古斯都和平祭坛是这一稳定时代的纪念碑。在当时人们的设想中，世纪祭典仍是一项宗教活动，白天和夜晚均供奉罗马最古老的神，还会上演戏剧、举办斗兽表演、进行战车比赛。奥古斯都通过娱乐活动和宗教崇拜将罗马人凝聚在一起，也为皇帝统治时代的罗马作为一座统一而敬神的城市留下了印记。

## 斗兽场

回到古罗马广场，沿着神圣大道离开卡比托利欧山，走过标记着卡斯托耳和波吕克斯神庙以及雷吉亚遗址的立柱，走上斜坡，就来到了1世纪建造的提图斯凯旋门（地图Ⅱ中的21）。它的左方是巨大的新巴西利卡[1]的建筑骨架（地图Ⅱ中的24），走过去是一座中世纪建成的教堂，掩映着维纳斯和罗马神庙

---

[1] 新巴西利卡（*Basilica Nova*）：又称马克森提乌斯与君士坦丁巴西利卡，始建于马克森提乌斯统治时期，后于312年由君士坦丁一世完成，是罗马城内最后建成的一座巴西利卡。

的废墟（地图Ⅱ中的25），现在名叫圣方济各教堂，曾经被称为新圣母堂。如今，这些建筑在一座巨大的圆形露天竞技场的对比之下相形见绌，它是罗马天际线中的绝对主角，罗马帝国最引人注目的竞技场象征——斗兽场（图2.2）。

罗马斗兽场实际应该被称为弗拉维安竞技场，这个名字源于修建竞技场的弗拉维安王朝。这个世袭王朝于1世纪末期统治罗马，从公元69年到96年，苇斯巴芗、提图斯和图密善分别做过罗马的皇帝。斗兽场位于西里欧山、埃斯奎林山和帕拉蒂尼山之间的盆地上，拥有造型独特的椭圆形设计。斗兽场所在的宽广土地在公元64年曾经发生过一次火灾，这场大火烧毁了一切，但也为尼禄提供了便利条件，让他得以清除一切障碍，实现自己奢华的梦想——修建尼禄金宫。

斗兽场于苇斯巴芗统治时期的公元72年破土动工，并由他的儿子及继任者提图斯在公元80年完成。这座庞大的建筑由混凝土包裹的石灰华大理石建成，巨大的石块用铁制抓钩固定在一起，两种材料的用量都很大，大理石和铁随着时间推移自然脱落，或者被人取走用作他途，它们留下的空缺像是疤痕一样，遍布斗兽场巨大的表面。四层拱券层层相叠，总高达53米，提供了多立克式、爱奥尼亚式和科林斯式等希腊柱式的范例，每层用不同柱式修建，而且越来越精致，顶层的连续墙体中还嵌入了科林斯式的壁柱。除此之外，斗兽

图2.2　伊塔洛·吉斯蒙迪制作的《君士坦丁时代的罗马模型》(1933—1937年)，这段模型的中心就是维纳斯和罗马神庙，以及斗兽场。

场还将有着华美立柱的希腊建筑风格与拱券这一更古老的罗马传统风格结合在一起，使之成为罗马帝国的艺术家、工程师与作家从帝国治下的土地和人民中寻找并吸纳最先进成就的案例之一。

斗兽场因为217年的一次闪电引起的大火受到损坏，重修工程于240年完工，又在2世纪和3世纪经历了进一步的修复。433年，斗兽场又遭受地震，之后再次进行修复，直到6世纪的最初几年才完工。斗兽场内最后一次举办竞技活动是在435

年，最后一次斗兽表演大约在6世纪20年代。从6世纪到18世纪，斗兽场被用作各种用途——人们的居住地、手工作坊、墓地，以及基督教会的各种宗教活动场地。随着斗兽场破败（或者建筑出现损坏），建造斗兽场的大理石与铁块散落于罗马城各处，成为其他建筑工程的原料。和古罗马时代的很多遗迹一样，斗兽场能保持如今的状态，还要感谢19世纪人们的努力，才让它免于被彻底毁灭。[1]

关于斗兽场可容纳的观众人数众说纷纭，不过最终达成的共识是约五万人。观众席被仔细地分为不同级别，视野最好、最舒服的位置自然留给有钱阶层。由此可知，斗兽场可容纳的观众数量为古老的马克西姆斯竞技场的五分之一，后者可容纳二十五万人，并在公元1世纪实现了观众人数达最高峰的盛况。斗兽场在使用期限内举办过各类娱乐活动、比赛和演出，不过到了帝国时期，斗兽场里进行的活动中最出名的还是战车比赛。尽管斗兽场不是用于举办罗马竞技庆典的最大场地，但仍比它的前身马切罗剧场（地图Ⅱ中的15）要大得多，马切罗剧场相对较小，却也能容纳约两万人。（尤利乌斯·恺撒希望新剧场能压庞培剧场一头，奥古斯都则在恺撒死后实现了他的梦想，并且以他的外甥及指定的继承人马切罗命名。）前面提过，从城市历史的最早期开始，竞技比赛和表演对罗马文化就有至关重要的作用，而竞技场、剧院和露天圆形剧场则是城市生活的重要中心。回想电影《宾虚》中那场戏剧化的战车比赛，背景就设置在奥古斯都的继任者提比略统治时期。不要忘记，罗马城奠基的传说之一，也就是绑架萨宾女人的故事，正是发生在罗慕路斯为罗马人及其邻国举办竞技庆典期间。

罗马帝国进入巅峰时代后，没有什么能与之匹敌，也没有什么能与作为竞技庆典焦点的斗兽场一争高下。公元2世纪马可·奥勒留统治期间，共有一百三十五天属于法定的竞技庆典日。即便在罗马帝国一分为二，西罗马首都带着政府机构迁往米兰（古称墨狄奥拉农）后，罗马的贵族仍然想办法确保继续举办竞技比赛。史料记载，公元354年这一年里，罗马人有一百七十五天都在进行竞技比赛。一方面，这当然是基督教不断挤压旧信仰的大背景下人们坚守罗马传统的一种抗拒潮流的行为；另一方面，这可能是利用竞技比赛转移人们对更紧迫事务的注意力的一种手段。[2]

2世纪时的诗人尤维纳利斯塑造了一种特殊的罗马安抚文化——以竞技比赛为中心，其时富人免费向公众分发食物，即“面包与马戏”。这种文化用娱乐和食物分散公民注意力，让他们不去关注自己及很多人所面临的极端恶劣的生活环境，而是一边吃着面包，一边欣赏角斗士搏斗，观看罪犯和叛国者被处决，以及各种各样的动物被屠杀。

除此之外，作为一种传统的竞技比赛，角斗游戏更多地是由私人发起而非国家层面的行为。罗马到处都是鼓励慨慷举行这种比赛的场地：除了前面提到的战神广场上的那些露天体育场和竞技场外，梵蒂冈平原上有以哈德良（位于哈德良皇帝陵墓背后）和盖乌斯（或卡里古拉，地图Ⅱ中的1）命名的竞技场，还有一座以尼禄命名的竞技场（以处决基督徒而臭名昭著），这些竞技场的建造时间都可以追溯到公元1世纪；另有一座建于3世纪的喀斯特伦斯圆形剧场，出现时间相比其他场地晚得多（旁边就是耶路撒冷圣十字圣殿），在奥勒良城墙转弯处附近。

主办竞技比赛就是为城市做出贡献，斗兽场建成之初，在那里为城墙内的罗马人举办比赛娱乐活动的权力专属于皇帝。

弗拉维安竞技场因此便成了一种象征，提醒人们记住它的社会功能，以及其中血腥的牺牲品。有意思的是，“斗兽场”（Colosseum）这一俗称与建筑结构的大小无关——尽管它确实非常大（*colossal*）——而是与曾经位于尼禄金宫入口前的巨型雕像有关。黄金做成的尼禄雕像最初曾略做修饰，似乎在向太阳神赫利俄斯致敬，不过公元68年尼禄死后，人们改变了雕像，使其更为明确地用于敬神。尼禄雕像由希腊雕塑家泽诺比乌斯制作，高度在30—35米之间，大小与著名的罗德岛太阳神巨像相当，头顶还伸出一根7米长的尖刺，象征太阳光。我们可以与专为新巴西利卡制作的君士坦丁雕像的尺寸作对比，这个雕像剩下的残块目前藏于保守宫，高12米，只有尼禄雕像的1/3。尼禄统治结束的一百多年后，康茂德皇帝进一步将最初的尼禄雕像改成了赫拉克勒斯雕像。康茂德统治结束后，罗马随即在193年进入“五帝之年”[1]，从中诞生出由将军塞普蒂米乌斯·塞维鲁创立的塞维鲁王朝。塞维鲁因古罗马广场上的一座巨大凯旋门而被人们永远记住，上一章提到的皮拉内西画作中就描绘了这座凯旋门被半埋在土里的样子。塞维鲁可能在3世纪初看到过尼禄雕像被改为太阳神雕像时的样子。他的统治为罗马带来了短暂的稳定，但帝国随后又陷入了所谓的“三世纪危机”[2]，经历了这场动荡及之后很长时间里的一系列事件，罗马帝国几乎没能再度复苏。尽管人们会改变巨型雕像的外形以迎合不同的当权者，但在漫长的时间里，巨像本身就在提醒人们皇权的力量。

---

[1] 五帝之年（Year of the Five Emperors）：在公元193年时，罗马帝国在一年内出现了五个皇位争夺者，他们分别是佩蒂纳克斯、尤利安努斯、奈哲尔、阿尔拜努斯和塞普蒂米乌斯·塞维鲁。

[2] 三世纪危机（Crisis of the Third Century）：公元235—284年罗马帝国同时面临三项同时发生的危机而衰落甚至接近崩溃。这三个危机分别是外敌入侵、内战及经济崩溃。

这并不意味着巨像会静止不动。公元126年，哈德良皇帝将巨像移至如今古罗马广场与斗兽场之间的一棵树的位置，恰好压在4世纪时建成的君士坦丁凯旋门（地图Ⅱ中的22）的轴线上。这是为了给前文提到的占地面积巨大、位于神圣大道的合祀神庙（地图Ⅱ中的25）清理空间，这座神庙祭祀的是罗马女神（罗马城的化身）及维纳斯女神（埃涅阿斯的母亲），尽管神庙宏伟壮丽的建筑如今早已消失不见，但我们从建在其地基上的教堂仍能看到它留下的印迹。我们得发挥想象，脑海中才能浮现它的完整高度——是临近的君士坦丁凯旋门的近两倍，只比斗兽场低几米。且不提长达一英里的柱廊和尼禄金宫里的人造海，在维纳斯和罗马神庙、巨型雕像与弗拉维安竞技场之间，到处都是大型建筑物。将巨像从最初位置拖动到新的位置差不多用了二十四头大象，而这个移动工程也是历史上很有名的事件之一。

回身走过维纳斯和罗马神庙，我们可以转过身从提图斯凯旋门（图2.3）看到斗兽场。这个凯旋门是献给神圣的提图斯（Divus Titus）的，因此建成时间应该晚于他去世时的公元81年。以上两个建筑之间存在紧密的历史关联。提图斯凯旋门纪念的是在提图斯的指挥下罗马成功镇压了公元66—70年的犹太行省叛乱事件，当时犹太人的首都耶路撒冷被罗马人攻陷、劫掠，第二圣殿被毁。耶路撒冷尤其第二圣殿中

图2.3　1880年的提图斯凯旋门，背景是斗兽场。

的财富，都被转移到了罗马。提图斯凯旋门上的浮雕生动地刻画出手持圣殿里七灯台和号角的罗马士兵的形象，可真正引人注目的却是比任何建筑物都更多吸纳了耶路撒冷战利品的斗兽场。有钱人为建设工程提供资金，被送到罗马的奴隶提供劳动力。斗兽场是最具特点的古罗马象征之一，代表罗马帝国的形象，也会让人回想起创建、维持帝国时的诸多手段。塞缪尔·约翰逊写出下面这段话时，心里想的也许就是斗兽场:“我不知，为什么除学童外，没人对罗马共和国感到不满。这个国家的伟大只是建立在其他人类的悲惨遭遇之上。和其他人一样，一旦变得富有，罗马人就变得腐败；而在腐败中，他们出卖了自己与他人的生命和自由。”[3]

尽管斗兽场的年代更为久远，但长久以来更能让拜访罗马的游客联想到帝国威严与权势的，却是巨像。5世纪西罗马帝国覆灭、6世纪哥特战争结束后，英国历史学家“可敬的比德”这样写道:“只要巨像还在，罗马就在；巨像倒下，罗马就会覆灭。罗马覆灭时，世界也会覆灭。”[4]巨像最终确实倒下了，只是不知道它是毁于外国人侵者之手，还是原料被再利用拿去建造其他建筑。不过在建造完成的近两千年后，可以肯定的是，斗兽场，而非与其同词源的巨像，才是罗马城及罗马帝国的象征。

## 食物、农场与花园

罗马帝国当然不是只有无节制的野心和无限制的军事冲动。广袤的土地使得罗马拥有多元化的经济基础、奴隶阶层和贸易能力，为罗马的国库及人民带来财富。作为一座建在多沼泽平原上的内陆城市，罗马的贸易严重依赖位于台伯河口的古老港口城市奥斯提亚安提卡。共和国时期，船舶仍会驶进这个港口，以罗马为目的地的货物需要沿河向上游行进约三十公里，抵达罗马城的商业中心——屠牛广场。葡萄酒、油、谷物、木柴、布料、花岗岩和大理石，各种各样的货物被储存在台伯河两岸数量众多的仓库中，或者被送到罗马城中经过精心规划的交易站，其中位于更高端社区的交易站更多的是作为满足上流社会需求的市场，而非为了贸易而存放大批量货物的中转站。

如今部分露于地面的奥古斯都时代的阿格里帕仓库（地图Ⅱ中的20），就是上述商业活动的产物。阿格里帕仓库如今已半埋入地下，旁边是帕拉蒂尼山西部山脚下6世纪的东正教堂圣提奥多教堂，它曾经坐落于重要的贸易通道土斯古斯区（地图Ⅱ中的19）。仓库残存的遗迹呈现出哈德良风格的建筑样式，而非阿格里帕风格，这是因为2世纪哈德良皇帝统治期间重修了这座始建于公元前1世纪的建筑。仓库中间的神龛提示我们，这类建筑最初的意图并非纯粹地提供仓储与贸易等实用性功能，而是为了让人获得神的恩宠，而神明显灵的方式就是保佑人们在商业和农业上获得成功。新巴西利卡是这类建筑的另一个例子，新巴西利卡原址曾在大约一百年时间里（1世纪图密善统治时期到191年康茂德统治时城市遭受火灾期间）被充当存放胡椒与香料的仓库。

尽管多年来在城内贸易街道上，以及围绕在古罗马广场及其他帝国时代的广场周边设立的各个市场，一直为公众提供服务，但城市的巨大需求很快就让作为内河港口的屠牛广场不敷使用。最早在公元前2世纪初，阿文丁山的南侧区域，也就是如今泰斯塔西奥区城墙外的地方，就发展出了一个大型城市河港，这片河港区域里有仓库、码头和船坞，其中部分区域在不同时期进行过多次重修，残余的建筑被吸纳进周边20世纪的建筑物中。比如鲁巴蒂诺街（地图Ⅱ中的31）和鲜花街（地图Ⅱ中的30）上现存的墙壁遗迹，可能曾是一段长度为半公里、封闭式、有坡度的货运场围墙的一部分。在苏布里奇奥桥（地图Ⅱ中的28）以南的台伯河沿岸，也留有仓库和市场的痕迹。台伯河上游处的霍利托利乌姆广场（地图Ⅱ中的16），也就是蔬菜市场，自古典时代建成，历经中世纪直至现代，长久以来一直在屠牛广场以北，位于中世纪的圣尼古拉监狱教堂与萨维洛广场之间的地段。

在很长一段时间里，罗马是一座能够自给自足的城市。罗马城周围的平原上散布着小块土地，这些土地上收获的农作物用于供给城市；类似的，农场里的牲口也最终被运送到城市里的市场。在贵族拥有的一部分土地上，农业得到了发展，这些土地出产适合当地土壤与气候条件的橄榄、葡萄、斯佩尔特小麦、无花果及其他农作物。公元前1世纪时，学者瓦罗写就了一本专著《论农业》，其中讲述了实用主义、文化与宗教之间的关系对农业技艺起到的根本性作用。紧跟在庆典活动后的农业年份里，每一次丰收都在彰显或大或小的各个天神的庇佑，而农民对每种作物、土壤类型及动物的了解，则是取悦天神的技能。相比城市生活，瓦罗为农耕生活赋予了更高的荣誉。这是一种更为古老的存在，被赋予了更强烈的道德感。罗马及意大利的平原也许在几个世纪里填饱了罗马人的肚子，可随着城市规模不断扩大，居民总人口在超过一百万（合理猜测），达到古代人口顶峰时，即便是最基本的商品，罗马城也变得越来越依赖进口。整个帝国都任由罗马支配，为其服务。

城墙内曾被罗马人开辟为各式各样的花园，如今这些帝国时期的城市风景变成了像今天博尔盖塞别墅那样的公共设施，不再是曾经位于城市边缘，用作出产鲜花的花园。比如曾经在苹丘上被博尔盖塞别墅占据部分区域的鲁库勒斯花园，其遗迹在2001年修复17世纪的赫尔齐阿纳图书馆所在地祖卡里宫（地图Ⅱ中的2）时被发掘出来。备受推崇的萨卢斯特花园（地图Ⅱ中的3）占据了苹丘与奎里纳尔山之间如今已经被填平的部分洼地。这些地点上到处都是神庙与岩洞，留存下来的废墟坐落在阿卡迪亚式的田园牧歌景色之中，这种安详而非劳苦的景致，为18世纪和19世纪的画家们带去了无数灵感，也许这是他们捕捉到的来世的风景。罗马进入帝国时期后，这些花园仍被当作公共花园维护，随后在5世纪亚拉里克[1]入侵罗马后变得破败不堪，又在17世纪成为路德维希家族的私产。这片庄园最终得到了与现代城市相匹配的开发，维托里奥·威尼托街与庇亚门之间的街区也变为专供中产阶级使用的住宅区，费里尼的电影《甜蜜的生活》动人地展现了威尼托街上的美好现代生活。

从庇亚门只须走一小段路，经由塞尔维乌斯·图利乌斯街或九月二十日街，就能抵达上述古老花园的遗址。那里的一座小亭子，曾经可以俯瞰周围的一切景色。我们在前一章里提过，穿行于共和国时代的几百年里界定的罗马城是件相当轻松的事，而在帝国时期这块共和国时期的广阔土地上的遗迹与市场、码头和船坞等大型商业中心周边的人潮与喧嚣相隔甚远，这样的画面尤为生动。我们从中可以看到一种反差，即便在城市最忙碌的地方，罗马人也能感受到与之相左的安静。

---

[1] 亚拉里克：西哥特国王（395—411年在位），初在东罗马帝国军中服役，公元395年被部众拥戴称王。401年率部攻入意大利，410年攻陷罗马城。

## 万神殿

回到帝国时代的战神广场，就完全投入到公元2世纪的城市生活中去了。这里有神庙，有浴场，也有竞技娱乐广场。城墙在定义罗马城区的问题上具有象征意义，可城市的发展已经让罗马城的界限突破了共和国时期的防御工事，随着时间推移，城墙的实用意义也不断降低。反过来，城界之外发生的很多事，不可能发生在城界之内。做过执政官和将军的马库斯·阿格里帕拥有战神广场上的一大片土地，万神殿（地图Ⅱ中的5及图2.4）就建于其上。这是罗马帝国留下的一个特点鲜明且不容忽视的遗迹，对其周边过去十九个世纪的历史产生了深刻影响。

我们难以确定修建万神殿的最初目的到底是什么，它不太可能像如今的名字所暗示的那样，是敬献给所有天神的神庙。也许这里最初是敬献给“卓越”（excellence）的谒见厅，卓越在这里是希腊词语“神性”（theios）的另一层含义。[5] 也许这里最初不是神庙，而是马库斯·阿格里帕为了致敬皇帝奥古斯都以及他的尤利乌斯家族而敬献的石制供奉品。阿格里帕和屋大维在公元前28年和公元前27年一起担任过执政官，按照大多数人的回忆，两人是朋友。的确如此，阿格里帕后来迎娶奥古斯都的女儿为妻，后者现在人称“大茱莉

图2.4　乔瓦尼·保罗·帕尼尼于1734年绘制的罗马万神殿内景。

亚”。历史学家亚当·齐奥尔科夫斯基更进一步，提出阿格里帕万神殿最初可能是尤利乌斯·恺撒启动的开发战神广场的公共工程的一部分。[6]恺撒原本计划在“广场”上修建日后人们口中的马尔斯神庙，其中供奉的就是战神，这也是后来整个广场名字的来源。万神殿最初的长方形结构，更像是供奉单一神的神庙设计，也更符合古罗马的现实做法，因此这种说法更有可能接近事实。

万神殿最初建于公元前27年到公元前5年的“第一次和解”期间，也就是说，这座建筑建于奥古斯都具有开创性意义的统治初期一个世纪后，它在公元80年的大火中被烧毁。我们在前面已经特别提到图密善作为城市建设者的出众能力，他自诩为奥古斯都式人物。万神殿在他统治时期所推动的工程计划中进行了第一次重建，这个计划还包括修建完成万神殿以西只需走一小段路就能抵达的弗拉维安竞技场，以及在新巴西利卡的位置上修建的另一座竞技场。不过新建筑存续的时间并不长。尽管用于竞技娱乐的两个建筑留存了下来，但图密善的万神殿却在公元110年因为闪电引起的大火被毁。

身为皇帝，哈德良以高度参与建筑艺术而闻名。他理所当然地与阿格里帕和奥古斯都一起，位列历史上塑造罗马帝国景观的最重要的人物之一。传统上认为，仅在罗马，他就参与了三十多个建筑物的设计与建造，除万神殿外，这些建筑还包括他位于河边的巨大陵墓（哈德良陵墓，也称哈德良的鼹鼠，如今被称为圣天使城堡），在这片巨大的庄园中，哈德良统治着罗马帝国，管理着维纳斯和罗马神庙。

差不多十年后（也许经历过其他重建计划），哈德良万神殿顶柱过梁与挑檐之间的雕饰带上出现了致敬阿格里帕原始万神殿的字样，但没有认可图密善作为首次重建者的地位，当然也回避了与哈德良本人有关的内容。雕饰带上刻下的文字是“M. AGRIPPA L. F. COS TERTIVM FECIT”，意为“马尔库斯·阿格里帕，卢修斯之子，三次担任执政官，建此神庙”。这段文字不存在错误引导。在自己重修的建筑上，哈德良向来以保留原始题献闻名。不过在这个地点重建万神殿时，他却建造了一座完全不忠实于原始建筑的新建筑。假如今天站在万神殿的圆鼓石附近向大门方向看去，你实际上站在最原始建筑的外面，从正面看向柱廊。阿格里帕神庙的长方形设计几乎被柱廊完整保留下来，穿过这些柱廊，你就站在了如今万神殿那惊人的穹顶之下。现在的这座万神殿与最初的那座形状不同，面对的方向也不同。最初的万神殿本身并不算小，可与后来重建的建筑相比，就显得小得多了。

万神殿砖块上留下的日期为公元118年，这是哈德良热爱建筑的一个例证。这个日期将万神殿的重建时间定格在哈德良统治的第二年，这意味着哈德良以皇帝身份从叙利亚重返罗马后，便立刻开始了重建工程。同一年，哈德良开始修建如今被称为哈德良别墅的位于罗马郊外蒂沃利上的奢华宫殿，后来成为罗马帝国的中心。哈德良在罗马城市历史上的重要性不容低估。他抬升了战神广场敬献给奥古斯都区域的地面高度，还引入了防洪措施。和之前的奥古斯都一样，哈德良修复了很多神庙，其中包括很多由奥古斯都和他的继任者修建的、纪念罗马从共和国城市转变为帝国首都的神庙。在重建过程中，哈德良想办法提高采购与建造这一整套流程的效率，他还打造出了流水线化的制砖产业，用来实现自己的野心。因此，2015年，当一名澳大利亚工程师研发出一个能在两天内建成一座房屋的砌砖机器人时，他把这个机器人命名为“哈德良109”可谓再合适不过了。

万神殿由特点鲜明的两部分组成：一部分是希腊风格的柱廊，另一部分是万神殿举世闻名的巨大穹顶结构。柱廊部分的宽度为八根立柱，顶部配有三角墙。这样的设计表明1世纪和2世纪的罗马文化非常推崇伯里克利时代的雅典与古希腊的艺术成就。不过这种设计并不只是纪念那个时代罗马对希腊风格的喜爱，而是致敬地中海古文明的另一个标志性建筑成就——雅典的帕特农神庙。万神殿立柱的底座与柱顶使用的大理石采集自彭特利库斯山，五百多年前建造帕特农神庙的立柱就是使用这里的石材建成。制造万神殿的十六根立柱时使用的花岗岩，足以说明2世纪时罗马帝国的疆域之广，这些花岗岩的原产地是古代的塞伊尼，也就是如今尼罗河上的阿斯旺，沿亚历山大港向尼罗河上游行进超过一千公里才能抵达。万神殿赖以成名的穹顶则是一个技术上极具野心的混凝土结构，人们最终打造出了一个完美的室内穹顶，直径超过40米。彩色大理石地面和方格式天花板为神庙内部带来了一种几何学意义上的规整感。

穹顶顶点距离地面高度超过8米。在一天的不同时刻、一年的不同时间，太阳光通过顶部的孔洞照射在万神殿墙壁和地面上，这不禁让人觉得，从2世纪建成到4世纪损毁，作为罗马宗教活动场地，万神殿所见证了各种活动也许与日升月落有关。另一种理论认为，“重建”阿格里帕神庙的决定是哈德良为了宣示自己的统治权。阿格里帕的万神殿被烧毁了，有人可以说，这反映了奥古斯都糟糕的统治水平。这一推论也适用于图密善。建造一座万神殿并且长久保存下来，可以看作罗马众神认可哈德良统治的证据。研究维特鲁威的学者因德拉·卡吉斯·麦克尤恩在古代人（伊特鲁里亚）的宇宙秩序观与十六个区域的建筑规划中找到了一些共同点，而在万神殿穹顶上开辟的通向天堂的孔洞也许能为我们提供一些线索。[7]哈德良在一个巨大的圆形地基上建造万神殿，他实际上将整座城市浓缩于一个“庙堂”，而整个帝国的根基就在于此。不过归根结底，不管建造万神殿的目的究竟是记录天体运动，还是邀请众神评判哈德良的统治，这座建筑最终存留了下来，没有被闪电摧毁。虽然从2世纪延续至今并非全无损伤，但万神殿仍是罗马帝国留下的最让人惊叹的遗产之一。

在过去十多个世纪里，万神殿曾多次被扩建或缩小。这里的地面高度发生过改变，所以人们现在向下走十三个台阶才能进入万神殿，这有点类似从民族街走进圣维塔莱教堂（地图Ⅱ中的8）。作为基督教堂及周边市民生活的中心，万神殿周围到处都是市场摊位与临时建筑，以满足天使与殉教者圣母大殿教士们的需求，以至于万神殿在16世纪和17世纪得到教皇关注时，柱廊有整整一角须彻底清理重建。出身基吉家族的教皇亚历山大七世甚至在1656年这样写道：“这是第三次，我们需赶走聚集在圣母马利亚圆顶教堂左边柱廊的花贩。”[8]16世纪时，按照卡洛·马代尔诺的设计，柱廊顶上增加了两座钟楼（人们通常称之为“贝尼尼的驴耳朵”），虽说这两座钟楼最终被拆除，但在19世纪的照片里仍能看到它们的踪影。柱廊里的铜材在17世纪初巴尔贝里尼家族出身的教皇乌尔班八世当政期间被挪作他用，亚历山大七世担任教皇期间又对万神殿的内部进行了巨大调整。他们的目标是将万神殿与17世纪的城市建筑区分开来，将它从累积了几个世纪不断叠加的累赘中释放出来，就像曾经的哈德良一样，为它赋予他们眼中罗马伟大历史景观应有的荣光。

与此类似，彼得·格林纳威在他1987年的电影《建筑师之腹》中，从电影角度深深致敬了万神殿。电影讲述了主人公斯托利·克拉克莱特前往罗马，组织一个纪念法国启蒙运动时期建筑师艾蒂安-路易·部雷的展览，部雷设计的艾萨克·牛顿纪念堂的巨大穹顶就是对哈德良式结构的一种致敬。由于胃痛，建筑师回想起卡西乌斯·狄奥记录的奥古斯都的妻子莉薇娅用毒无花果杀死皇帝的故事，他最终因为疼痛和无拘无束的欣赏喜爱交织而瘫倒于万神殿的柱廊前。这一场景令人难忘：在万神殿的阴影里部雷要求举杯庆祝，而尽管克拉克莱特因极度不舒服和危及生命的疾病正大发脾气，他终于还是在万神殿这个建筑界的最高成就面前大声欢呼起来。

## 浴场与日常生活

万神殿未必是战神广场中心最能表现阿格里帕风格的建筑。公元前1世纪的最后十年里，建造最早那座万神殿的同时，其他建筑也随之拔地而起，其中有在如今基督教氛围浓厚的塞斯塔里街建起的一座巨大浴场，另外还有花园以及用作公共游泳池的人工湖。人工湖的水通过公元前19年建造的维尔戈水道从城外引入，这条水道不仅在罗马古代历史上起到了至关重要的作用，同样也在这座城市复兴古罗马的运动，即长久以来被视为城市重生抑或文艺复兴的运动中，发挥了极其重要的作用。人们站在万神殿背后可以看到尼普顿巴西利卡遗迹，它曾在公元80年的大火后同样因为哈德良的介入而得到修复，且被并入之前彼此独立的阿格里帕浴场（地图Ⅱ中的6）。这些建筑能让我们对当时的城市管中窥豹，了解最早期的浴场对帝国时期的罗马居民发挥着怎样重要的作用。公共浴场是罗马文化的核心组成部分，到4世纪西罗马帝国覆灭时，罗马城拥有超过八百个浴场，这些浴场还可以以大小、温度、使用的技术及空间设计而细分成人们熟知的不同类型。

无论如何，阿格里帕浴场属于意义更为重大的帝国建筑，这样的浴场不仅能满足罗马人的日常卫生需求，其中还有可供男人、女人和孩子使用的室内运动场和图书馆。比如2世纪初建造的图拉真浴场（地图Ⅱ中的26）位于斗兽场附近、尼禄金宫的另一边，这个浴场的遗址中还留有当时可供人们使用的两个图书馆中的一个。被木柴燃烧加热的大量热水流进造价高昂的热水浴室，形成的水蒸气充斥其间，类似于桑拿房的蒸汽浴间。男人和女人沿着不同的路线进入浴场，以性别和阶层为区分使用不同的设施。浴场是一个供人们见面和洗澡的地方，罗马人在这里还能获得奴隶的按摩服务，满足各种各样的身心需求。浴场里配有医师，若有人在漂亮却光滑的大理石地面上滑倒，或者因为从蒸汽浴间到冷水浴室温度迅速下降而晕倒，都可获得及时救治。冷水池一般是男性洗浴的最后一步（女性似乎会被极低的温度吓住），我们可以从斗兽场的另一边，在亚壁古道上找到现存最大的冷水池——卡拉卡拉浴场（地图Ⅱ中的33）。它的建造时间比图拉真浴场晚了一百多年，由塞普蒂乌斯·塞维鲁启动建设，并由他的儿子完成。这些浴场同样在罗马的景观中留下了痕迹，我们也能根据留存至今的墙壁，看出浴场的不同部分如何合为一体。

3世纪初修建的戴克里先浴场（地图Ⅱ中的4，在特米尼车站对面，从马克西姆斯竞技场坐一站地铁可达）拥有巨大的房间，人们很容易对此留下深刻印象。对于那些仅凭图拉真浴场和卡拉卡拉浴场的占地面积及规模想象不出浴场模样的人，戴克里先浴场可以起到很好的修正作用。而之所以在这里提及戴克里先浴场，则是因为这一有着真实的古罗马历史痕迹的考古地点，与米开朗琪罗在16世纪设计的加尔都西会修道院附近的现代博物馆可相互印证。这座博物馆里收藏了上万件记录罗马日常生活的藏品，人们可以看到当年的商业通知、涂鸦、墓志铭或公共通知，从而勾勒出了一个近在眼前，同时又离我们无比遥远的全景图，让我们了解到罗马人曾经的生活方式，这样才能与看到戴克里先浴场等建筑物所必然形成的抽象印象形成足够的对比。

## “去罗马……”

罗马城内有一个更安宁平静的地方，就是所谓的新教徒墓园或英国墓园（地图Ⅱ中的32）。当年曾一起住在西班牙阶梯旁一间公寓里的约翰·济慈和珀西·比希·雪莱都埋葬在这里，这座墓园也吸引了很多游客前来拜访。不过埋葬在这座墓园里的并不只是英国人或新教归正会教徒，亦有很多东正教徒和不少美国人（特别是19世纪的大型坟墓中），很多致力于研究罗马历史、艺术与文化并且在这里去世的外国学者也被安葬在这片土地。墓园里当然也安息着很多意大利人，其中最有名的莫过于意大利共产主义之父安东尼奥·葛兰西——他就像一团永远燃烧的火焰。新教徒墓园旁边有一个军事墓园，其中设有联邦战争公墓，但其布局与氛围少了些浪漫，多了些理性。新教徒墓园的南墙正是奥勒良皇帝在3世纪70年代重新界定罗马城界时修建的城墙，那时距离罗马城失去首都地位、西罗马帝国迁都墨狄奥拉农只剩十年时间。

奥勒良皇帝通过为罗马修建新城墙实现了两个目标：其一，他为罗马帝国的首都确定了新的城界，在人口达到古典时代峰值时改动了城市边界；其二，在罗马作为帝国首都陷入漫长的衰败期之前，他定格了一幅转瞬即逝的画面，像快照一样，留下罗马曾经在现实中需要真正的城墙才能抵御外敌的例证。在长期的扩张与征服后，罗马帝国高层几乎不可避免地分裂，而帝国此时应对分裂的能力也飘忽不定，因此罗马迎来了三世纪危机或帝国危机。人们通常将终结这段动荡时期的功劳归于奥勒良。公元235年，塞维鲁家族的最后一任皇帝亚历山大·塞维鲁被手下的军人杀死，这一事件开启了罗马帝国内部几十年的混乱，不断有人出来争夺统治权。罗马的经济受到打击，帝国的统一遭到破坏（罗马城作为帝国中心的地位自然也受到影响），罗马的疆域开始缩小。奥勒良重振了罗马军团的威风，重新统一了被分为三大板块的帝国，这三大板块实际上从东到西对应的分别是意大利半岛与罗马的其他领土。可事实证明，奥勒良只带来了暂时的稳定，随后的动荡直到戴克里先皇帝当政才结束，戴克里先长达二十年的统治在其305年退位后戛然而止。戴克里先设计了共同统治体系，在东罗马和西罗马设置大小皇帝分别统治，即“四帝共治制”[1]，但这种制度本身也带来了不少混乱与动荡。

围绕历史中心区修建的奥勒良城墙总长十九公里，直到20世纪前，不管数量是多是少，罗马人都生活在城墙内；从20世纪开始，当罗马城周边出现土地开发的机会，加上现代首都需要快速发展，奥勒良城墙便成了历史遗迹。最接近新教徒墓园的城门是如今人们口中的圣保罗门，这个城门曾经名叫奥斯蒂恩塞门，以此表明这个城门是连接罗马与奥斯蒂亚的主干道进入罗马城时的入口。两座箭楼可以追溯到4世纪马克森提乌斯和幼帝霍诺留统治时期，这些建筑在罗马漫长的防御历史中拥有显著地位。

这个地方最引人注目的景观，是在一个陡峭的坡地上建起的一座墓葬建筑，这座努比亚风格的大金字塔中埋葬的是公元前1世纪90年代即奥古斯都统治中期担任大祭司的盖乌斯·塞斯蒂乌斯。这个建筑首先提醒我们，在罗马疆域最辽阔的年代，这些曾经属于城市外围的区域却拥有属于罗马城

[1] 四帝共治制：戴克里先创造的一种统治形式，他废除了君主世袭和独裁制度，设置了两个奥古斯都和两个恺撒共同统治罗马帝国的制度。其中奥古斯都有任期限制，届满自动退位。

的建筑——这样的陵墓在奥古斯都的罗马城界之内不可能有一席之地。这个建筑还会让我们想起，罗马从不介意模仿被自己征服的更先进的文明。盖乌斯被葬在单室墓室中，在17世纪60年代前，他的墓室一直处于封闭状态，当地记录显示，这座陵墓在另一个伟大的城市建造者亚历山大七世统治期间曾被发掘和修复。经过多年的现代化修复后，如今已向公众开放。盖乌斯·塞斯蒂乌斯的遗骨早已不知所踪，除了一小块生动记录学者们和战争胜利场景的壁画外，绝大多数建造时期的湿壁画也已消失不见。从这个角度看，金字塔很像是被城墙包围的城市一样。它们需要保护，而两千年时光流逝留下的足够多的遗迹，足以让我们想象它们曾经是多么宏伟壮观。

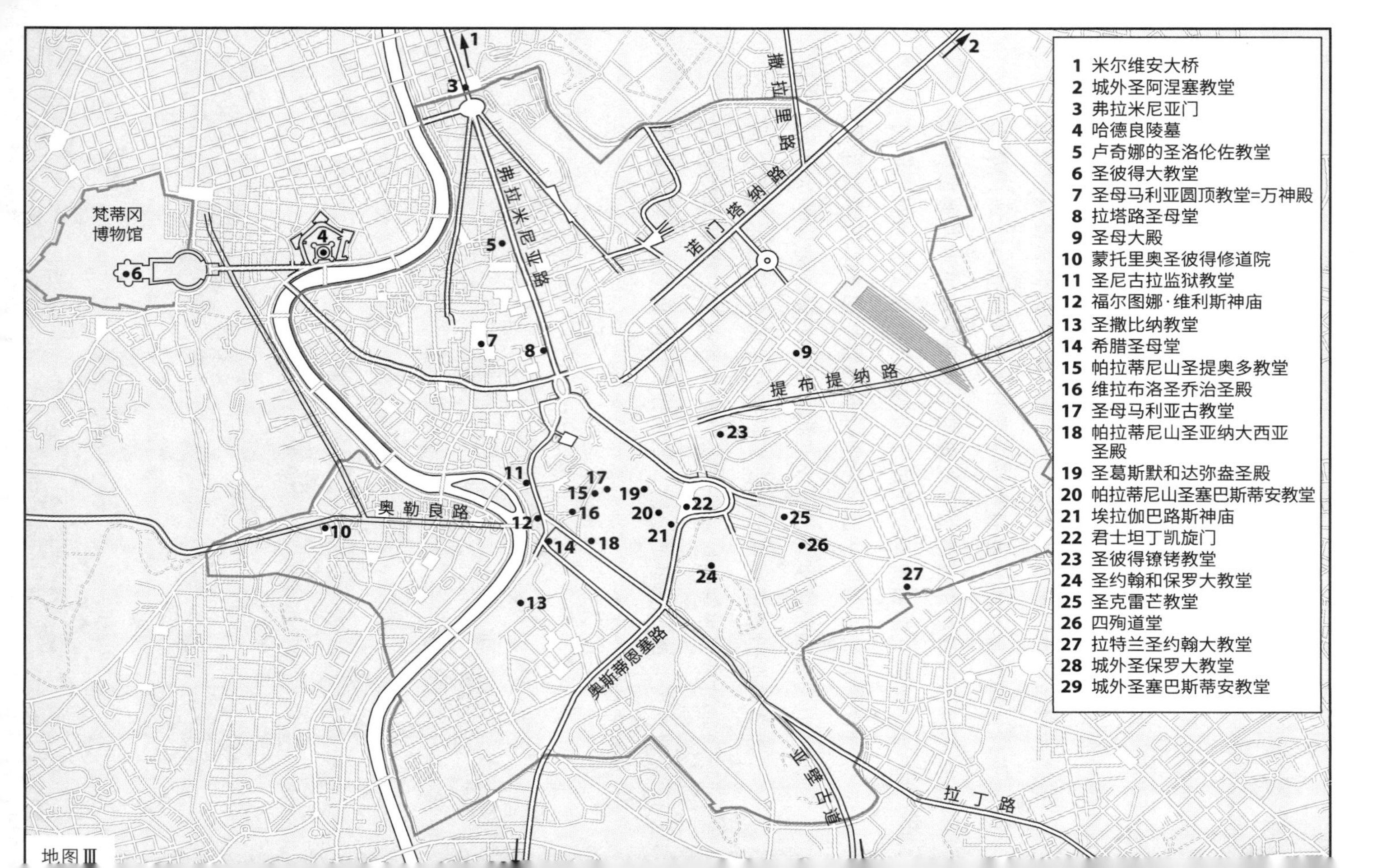
1 米尔维安大桥
2 城外圣阿涅塞教堂
3 弗拉米尼亚门
4 哈德良陵墓
5 卢奇娜的圣洛伦佐教堂
6 圣彼得大教堂
7 圣母马利亚圆顶教堂=万神殿
8 拉塔路圣母堂
9 圣母大殿
10 蒙托里奥圣彼得修道院
11 圣尼古拉监狱教堂
12 福尔图娜·维利斯神庙
13 圣撒比纳教堂
14 希腊圣母堂
15 帕拉蒂尼山圣提奥多教堂
16 维拉布洛圣乔治圣殿
17 圣母马利亚古教堂
18 帕拉蒂尼山圣亚纳大西亚圣殿
19 圣葛斯默和达弥盎圣殿
20 帕拉蒂尼山圣塞巴斯蒂安教堂
21 埃拉伽巴路斯神庙
22 君士坦丁凯旋门
23 圣彼得镣铐教堂
24 圣约翰和保罗大教堂
25 圣克雷芒教堂
26 四殉道堂
27 拉特兰圣约翰大教堂
28 城外圣保罗大教堂
29 城外圣塞巴斯蒂安教堂
梵蒂冈
博物馆
撒拉里路
诺门塔纳路
弗拉米尼亚路
提布提纳路
奥勒良路
奥斯蒂恩塞路
亚壁古道
拉丁路
地图Ⅲ

# 第三章

# 中世纪

萨克萨·鲁布拉 / 君士坦丁治下的基督教 /

巴西利卡 / 转折点 / 基督教帝国中的罗马教会 /

争夺权力 / 圣克雷芒教堂 / 罗马公社

## 萨克萨·鲁布拉

自公元前3世纪始，弗拉米尼亚路就是罗马通向北方的重要路线，这条路的起点最初位于卡比托利欧山脚下塞维安城墙的丰蒂纳利斯门，紧连古称为拉塔路的科尔索大道。新城墙（奥勒良城墙）自然意味着新城门，拉塔路与弗拉米尼亚门（地图Ⅲ中的3，如今被称为波波洛门）交汇，向北又向东延伸，最终抵达亚得里亚海边的阿里米努姆，也就是现在的里米尼。如今，从人民广场向北进发，你会经过一个历史悠久的20世纪城市郊区，东部的街区里建有1960年奥运会的比赛场馆和奥运村。沿着这条路你可以抵达台伯河边，登上一座刻有两千年来加固与重修痕迹的桥上。这些痕迹见证了不同时期的城市需求，或为了安全通行，或为了防御。尽管见证了无数历史，但米尔维安大桥（地图Ⅲ中的1）总是与一场战役联系在一起。那场战役的发生地不是米尔维安大桥，而是在大桥以北不远处的小村庄萨克萨·鲁布拉与大桥之间。20世纪城市扩张时，这座小村庄被纳入罗马。

戴克里先在3世纪末设置的统治形式，本质上就是四人统治——两个“奥古斯都”（皇帝）和两个“恺撒”（副帝）管理被分为东西两部分的帝国，他以这种实用的办法解决在中央首都统治辽阔帝国的这一难题。总的来说，他们并非在“罗马”对帝国进行统治，而是在对于帝国贸易利益或防御具有重大战略意义的罗马进行统治。罗马是一座拥有重要象征意义的城市，可在帝国的政治版图中已不再活跃。[1]293年四帝共治制确立，奥古斯都分别是戴克里先和马克西米安，两人均在305年退位，分别让位于作为皇位继承人的两名恺撒，使其升任奥古斯都。君士坦提乌斯曾担任罗马帝国西部的恺撒，后升任奥古斯都，于306年去世，次年，继任的塞维鲁挑起罗马帝国西部地区的权力斗争（针对马克西米安之子马克森提乌斯）。随着前高卢、西班牙和不列颠恺撒[2]、君士坦提乌斯之子君士坦丁向前罗马奥古斯都之子马克森提乌

[1] 戴克里先称帝后，远离元老院和罗马公民势力强大的罗马城，常驻尼科米底亚，致使罗马城逐渐被边缘化。这一传统被保留，在罗马帝国后期，很少有皇帝常驻罗马。

[2] 不列颠和高卢的罗马军团拥立君士坦提乌斯一世的儿子君士坦丁为罗马帝国西部奥古斯都。罗马帝国东部奥古斯都伽列里乌斯勉强接受了君士坦丁的要求，但只允许他当恺撒，坚持任命塞维鲁斯为罗马帝国西部奥古斯都。

斯[1]发起进攻，四帝共治制崩溃。君士坦丁和马克森提乌斯得到帝国不同地区军团的支持，都自称罗马帝国西部的最高统治者。最终，君士坦丁战胜马克森提乌斯，成为真正的罗马帝国西部的奥古斯都。他的统治终结了所谓第二次四帝共治时代，与他人继续分享统治权十多年后，君士坦丁重新让罗马帝国回归一人统治。尽管罗马这座城市不再是帝国明珠，不再拥有掌控帝国的权力，但是享受到了短暂的重新统一。

在古罗马广场边缘，宏伟的新巴西利卡记录下了312年10月28日这天，君士坦丁与马克森提乌斯在萨克萨·鲁布拉正面交锋后发生的权力更迭。这场战争由马克森提乌斯发起，由胜利者君士坦丁终结。战争结束后，君士坦丁按照自己的形象打造了一尊巨型雕像。这只是罗马在君士坦丁统治下所经历的调整之一。米尔维安大桥战役的传奇，并非仅仅因为这场战役直接改变了罗马帝国的历史。神圣大道一侧的君士坦丁凯旋门（地图Ⅲ中的22）上简要记录了这场胜利，可如果前往城市的另一边，在如今属于梵蒂冈博物馆的“拉斐尔房间”中找到拉斐尔绘制的一系列壁画，就能更详细地

[1] 君士坦提乌斯去世后，罗马近卫军团拥戴马克西米安的儿子马克森提乌斯为奥古斯都。然而，马克森提乌斯只接受了恺撒的头衔。

图3.1　拉斐尔与朱利奥·罗马诺共同创作的湿壁画《米尔维安大桥战役》（1520—1524年），藏于使徒宫的君士坦丁大厅。

了解这场战争。你可以加入欣赏湿壁画的人群，观看描述君士坦丁征服罗马的湿壁画（图3.1），它是君士坦丁征服的永恒象征之一，而收藏这幅画的建筑之所以存在，全拜君士坦丁的胜利所赐。拉斐尔和他才华横溢的助手朱利奥·罗马诺在16世纪初创作的这幅画，原本是庆贺基督教会的诞生，而就在创作壁画的年代，基督教会却开始分崩离析。

君士坦丁对基督教的倾心，因其对帝国更强的统治责任有所缓和。君士坦丁保留了大祭司头衔，作为统治权的自然组成部分，但他拒绝履行这个头衔的一些传统宗教职能。君士坦丁之所以采用基督教的符号[1]，是因为尤西比乌·潘菲利在他的著作《君士坦丁的一生》中所说的“神示”以及拉克坦提乌斯在他4世纪的著作《君士坦丁皈依记》中所描述的梦中指示。拉克坦提乌斯写道，基督教的符号在君士坦丁的梦中为他指引了前进的方向，而马克森提乌斯则遭到警告，如果离开罗马他就会战败。不过，罗马皇帝在基督教符号的指引下，在萨克萨·鲁布拉及后续战役中取得胜利所具有的象征意义，更受历史偏爱。基督教徒出现在罗马的两个半世纪里，在多个时期经历了残酷的迫害。君士坦丁的梦以及基督教神迹预示的成功，为罗马帝国境内的基督徒铺平了自由

[1] 此处指古代军事符号拉布兰，由君士坦丁首次使用。

之路，那时距离戴克里先大迫害仅仅过去十年。313年2月，战胜马克森提乌斯仅仅四个月后，君士坦丁就在墨狄奥拉农与统治东罗马的李锡尼见面，讨论基督徒的地位问题。两人达成了《米兰敕令》，宣布基督教合法，人们可以进行宗教活动，罗马帝国也会对过去的系统性镇压做出补偿。

君士坦丁的远见以及他因此获得的权威，为罗马帝国创造出了全新的宗教统治基础。罗马宫廷在3世纪时已经离开罗马，到4世纪末时，罗马皇帝宣布，从罗马城到整个帝国的古罗马宗教为非法宗教。做出这个决定的不是君士坦丁，但肯定是继承了他位置的子孙。到4世纪末期，被留下来管理罗马城市民的元老院已经无力或者不愿意维持过去一千多年发展出的服务于城市的传统与众神崇拜。崇拜普路托、密特拉、维纳斯和朱庇特变为非法，这在一个世纪前的戴克里先时代是不可想象的，可当这种情况真实发生时，罗马的基督教化显然已经是不可阻挡的历史趋势了。

抛开信仰不谈，朱利奥在梵蒂冈湿壁画上画出的拉丁十字，自然是他身为16世纪的画家对历史的错误诠释，我们在4世纪的硬币及浮雕上看到的君士坦丁拉布兰旗，足以澄清这一历史问题。拉布兰旗的顶端有“χρ”这一代表基督教的符号，这是希腊语“基督”的前两个字母。与鱼形的基督徒符号[1]一样，“χρ”是被基督教徒接受的最古老的符号之一，我们在位于戴克里先浴场内的铭文博物馆里就能找到上述符号在罗马被人使用的早期案例。君士坦丁凯旋门上雕刻出的希腊胜利女神像，表明在一个过渡时期里对新旧两种宗教的同时认可。到16世纪时，上述场景明显被人篡改并歪曲宣传，变成了如天使一般的军团为君士坦丁的事业而战。不过结果仍然成立：“神示”令君士坦丁取得了军事胜利，而通过君士坦丁，一种信仰将成为普遍制度。

## 君士坦丁治下的基督教

从古代追求实用性的异教罗马转向中世纪天主教的罗马，对于夹在现世规则与属灵力量之间的这座城市，当然有很多值得讲述的话题，不过我们不该把这个过程想象成如瞬间爆发一般的突然转变。几十年前，耶鲁大学的历史学家拉姆齐·麦克马伦注意到，在321年君士坦丁颁布敕令，将周日

[1] 这一符号最早是基督徒为了躲避罗马帝国的宗教迫害而使用的暗号。当时的基督徒使用这个鱼形的符号互相辨别身份，比如一人画出鱼形的一条弧线，若对方也是基督徒，就会顺势画出另一条弧线。《米兰敕令》发布后，基督教变得合法，此符号因其历史意义而成为基督教的代表符号之一。

定为基督教的安息日以前，他并未直接提及耶稣，也未留下任何表明他深刻理解基督教思想的言论。麦克马伦写道，君士坦丁并非“直接从异教转向基督教，那是一个更微妙、让人难以感知的过程，从一个不信仰某个宗教的边缘，转移到另一个的边缘”。[1]

理查德·克劳特海默在《基督教三都》里提到，基督教与从古至今塑造了罗马的生活与制度的宗教文化完全对立，想公开赋予这样的宗教合法性，一个皇帝会面临怎样的阻碍。治理罗马城的元老院坚定拥护罗马贵族制，对他们来说，不让众神参与生活的各个部分，特别是抛弃供奉众神从而确保城市获得大量财富的思维方式，是不可想象的事。马克森提乌斯担任过罗马恺撒及意大利奥古斯都，而君士坦丁只去过罗马三次，他偏爱波罗的海沿岸城市，以及帝国在东部的扩张。因此罗马人并不熟悉君士坦丁。君士坦丁对基督教的兴趣，加之对罗马本身的兴趣寥寥，惹恼了统治阶层。君士坦丁至少拒绝过一次向卡比托利欧神庙进贡的传统仪式，罗马的统治阶层对此无法接受。然而，作为优秀的统治者，君士坦丁改正了错误，履行了身为罗马大祭司的职责。[2]

不管出于政治、传统还是宗教崇拜上的原因，君士坦丁还是用很多方法表明自己对旧宗教的坚守，足以证明麦克马伦对他所谓“皈依”的描述的正确性。君士坦丁的统治留下的重要遗产之一，就是他对基督教会的贡献，而且贡献颇多。在罗马城区及郊区，君士坦丁自掏腰包，捐赠皇室土地和资金修建基督教建筑。基督教先前对于家庭教会这种小型组织形式的依赖由此终结。这些家庭崇拜活动中心改建自私人房屋，在基督徒被迫害或相对自由的时期，这样的教会具有匿名性，能够提供一定程度的保护，既不侵犯周围的空间，也不冒犯周围人的感受。城外地下墓地通常被人看作独立的崇拜场地，既可用于葬礼宴会，也适合躲藏，但这些地下网络既无匿名性，也不是只供基督徒使用。君士坦丁资助修建了新的建筑，用于公共崇拜与弥撒。在他统治期间，罗马至少建造了十多座巴西利卡式教堂，其中一些富丽堂皇，另一些简朴而低调。君士坦丁与元老院的关系也许并不总是坦率直接，通过精心挑选教堂的修建位置，他消除了元老院因《米兰敕令》而赋予基督教合法性而产生的任何保留意见。

元老院无权干涉皇帝在罗马城内自家土地上的所作所为，所以他们无法反对修建拉特兰圣约翰大教堂（地图Ⅲ中的27），也无法反对在那附近修建耶路撒冷圣十字圣殿。与此类似，元老院对罗马城界外发生的事也没有发言权，罗马城外因此陆续建起了巴西利卡式教堂，纪念包括圣彼得、圣保罗（地图Ⅲ中的28，位于奥斯蒂恩塞路）、圣塞巴斯蒂安（地图Ⅲ中的29，位于亚壁古道）、圣阿涅塞（地图Ⅲ中的2，位于罗马城北的诺门塔那路上，临近圣科斯坦扎的家族陵墓）和圣洛伦佐（圣洛伦佐，位于以他名字命名的社区）等基督教徒。

从古罗马广场出发，经过斗兽场，走到拉特兰圣约翰大教堂，你就能感受到上一段提到的建筑与古罗马广场、战神广场等罗马人的生活中心之间的距离。拉特兰圣约翰大教堂建于君士坦丁颁布《米兰敕令》的那一年，是罗马的特级宗座圣殿，也是罗马的主教座堂。314年以前，教皇一直由圣米尔提亚德斯担任，但在那之后，伟大的教堂建造者圣西尔维斯特接任教皇，他的任期一直到335年才结束。建造圣约翰大教堂的地点位于被尼禄没收的拉特兰家族土地上，这片土地自然也是君士坦丁的个人财产。拉特兰圣约翰大教堂隐蔽地建在奥勒良城墙内，它比周围稀疏分布的几座建筑高得多，可因为站在古罗马广场看不到这里，而且离战神广场也有两三公里，所以这座教堂很安全，不会引人关注。如今我们能够参观的这座教堂历经多次扩建，足以反映其历史超过一千七百年、身为罗马城第一座教堂的重要地位。如今走进教堂，我们看到的主要出自17世纪中期弗朗切斯科·博罗米尼的手笔，他奉潘菲利家族的教皇英诺森十世之命重新装饰了教堂。14世纪教廷临时迁往阿维尼翁后，拉特兰圣约翰大教堂因为遭受火灾等变故而破败不已，教廷希望借此重修的机会让大教堂重获当年的荣光。虽说在教堂建筑史上，建筑结构的趋势是从简单变得越来越复杂，而且随着时间推移人们也会赋予教堂越来越重大的意义，但拉特兰圣约翰大教堂从一开始就非常重要——那是皇帝本人发出的个人信仰声明，是皇帝对一种宗教做出的支持表态，就像他在古罗马广场上的新巴西利卡旁竖立的巨像一样，是一份大胆又直接的宣言。在同一世纪里，使徒宫（或称拉特兰宫，不要与梵蒂冈的使徒宫混淆）和圣约翰大教堂一道由圣西尔维斯特一世主持建造并祝圣。在近一千年时间里，这里就是罗马宗教管理与举办仪式活动的中心所在。

## 巴西利卡

没人敢说圣彼得大教堂代表了谦虚和朴素。它那巨大的穹顶在罗马的天际线中拥有压倒性地位，它那数量繁多的内饰和精美的外部墙面，很难让人联想起基督教刚刚摆脱非法状态、在帝国法律的保护下活动的年代，反而容易让人想起得到上述保护后的局面——基督教会本身变成了一个帝国。可如果走下台阶，走进梵蒂冈石窟，你就可以参观圣彼得大教堂的原始结构。16世纪之交，多纳托·伯拉孟特重建4世纪原始建筑旧圣彼得教堂时，将其立柱移除，但新的教堂选择在原址重建，旧教堂的地基提醒人们，这里是罗马为合法化的基督教迈出的第一步。寻找4世纪留下来的有形建筑物，有点像寻找罗马共和国时代留下的建筑。在这两种情况下，那些本可以成为伟大遗迹的早期建筑都被取代了，在教会与帝国最大限度地自我表现且权力达到巅峰的背景下，有的是在早年突然消失，有的则是在几百年时间里逐渐被取代。这些早期的建筑随后变得抽象起来，但仍然具有重要意义。

从313年开始，君士坦丁以罗马帝国西部奥古斯都的身份开始统治，无人可以挑战他的权威。作为整个罗马帝国的奥古斯都，他的统治时间是324—337年。只用一代人的时间，基督教就从受迫害的宗派变为合法宗教，可以像其他异教教派一样开展宗教活动，扎扎实实地步入成为罗马公民主流信仰的轨道上。与君士坦丁从一个模糊的边缘移动到另一个模糊的边缘相似，4世纪的罗马经历了一次漫长的转变，从多神崇拜的世界观转变为以犹太/基督教为中心的信仰体系。然而，罗马官方基督教的优势，却是被几个世纪的传统与习惯塑造出来的。从结束罗马古典时代，到进入长达一千年的中世纪，巴西利卡式大教堂就是罗马最初也最重要的宗教与文化战场之一。

基督教的合法化，加上君士坦丁捐赠的土地与财富，使得基督教得以恢复元气，走上一条康庄大道，在4世纪末摇身一变，成为唯一合法的信仰形式。罗马的古老宗教先是被边缘化，随后被非法化，罗马众神慢慢淡出历史。4世纪开始时，罗马是一个多神崇拜的帝国的历史中心，即使那时早已不是帝国疆域最广的时期，罗马还是当时世界上最大的城市；到了4世纪结束时，罗马只是一座行省级城市，对于新生的基督教政体越来越具有象征意义。罗马城中还能找到这座城市作为异教世界帝国中心的痕迹，只是这样的古老宗教日益遭人贬低。罗马执政者出自统治家族，这些家族与城市的关系盘根错节，与罗马众神也渊源颇深，罗马征服世界其他文明而获得的大量财富正是敬献给了众神。有些人能预测到未来，现实也确实如他们所料，所以他们改信了基督教；其他人则转而采用更私人或者说实际上秘密的方式继续供奉罗马众神。

随着异教信仰被视为犯罪，所有的神庙、神殿都不能继续使用（至少不能公开使用）。想想古罗马广场和神圣大道，想想建在那里的农神庙、维纳斯和罗马神庙、卡斯托尔和波吕克斯神庙，想想卡比托利欧山上的朱庇特神庙——这一切均遭到抹杀。由于基督教信仰要求与过去的宗教信仰划清界限，所以基督教不能简单地将古罗马宗教建筑直接拿来为己所用。从宗教意义上来说，长方形廊柱大厅式的巴西利卡式大教堂是一种全新的建筑，不过巴西利卡原本只是一种常见的世俗建筑结构，过去执政官在里面执行法律、解决纠纷，平民百姓在其中进行贸易交易。当然，罗马的任何活动都要带有神的祝福，所以巴西利卡只有一定程度的中立性罢了。但不管怎么说，这类建筑成了创新、延续与妥协的场所，最终化为早期朴素风格的罗马基督教建筑符号。

作为基督教崇拜场所，罗马很快建起了大量巴西利卡式教堂。随着元老院成员要么接纳了新的宗教，要么从公众视野中消失，君士坦丁不必再小心翼翼地建造基督教建筑。巴西利卡式教堂有时建在便于公众前往的地方，有时则建在出现过“神迹”的地方，有时建在有人殉道或者埋葬基督徒的地方——从1世纪开始，在罗马有许多基督徒因为所作所为或自己的基督徒身份而被杀害。比如城外的圣保罗大教堂（地图Ⅲ中的28），它建在罗马城外的奥斯蒂恩塞路上，因为传统上人们认为圣保罗在此殉道。圣保罗是出身大数（又称“塔尔苏斯”，在今日的土耳其）的犹太裔罗马人，他行使作为罗马人的权利，希望尼禄听到他的诉求后能改变信仰、皈依基督教，却被尼禄杀害。圣保罗的人生终点到底在哪里是个有争议的话题，不过传统观点认为，他在2世纪惨死于罗马人之手，可能是被砍头。2009年，一直以来被视作圣保罗墓穴的地点经考古挖掘，显示其中遗骨被埋葬的时间可追溯到1世纪或2世纪，与传说相符。

随着时间推移，基督徒越来越尊崇使徒和早期殉道者的埋葬地，尤其是圣彼得之墓，挤满了朝圣者。有人认为他死于公元64年10月的谕令权起始日（*dies imperii*）的血腥庆典，那时尼禄已经统治罗马十年，当年7月罗马城经历了一次大火，尼禄声称基督徒是火灾的罪魁祸首，他们正在经受迫害，因此成了替罪羊。根据一个不准确的传说，彼得是头朝下被钉死在十字架上的，他殉道的地点如今是15世纪末伯拉孟特在贾尼科洛山上设计的一座漂亮的小圣堂，属于蒙托里奥圣彼得修道院（地图Ⅲ中的10）的一部分。君士坦丁在埋葬圣彼得的地方建造了一座巴西利卡式教堂（地图Ⅲ中的6），离梵蒂冈的尼禄竞技场很近，在罗马帝国迫害基督徒的大背景下，这里成为第一批罗马殉道者的死难之地。1968年的一次考古挖掘确定了一个1世纪的墓穴，人们相信里面有圣彼得的遗骨，圣彼得华盖[1]—— 17世纪由吉安·洛伦佐·贝尼尼设计的巨大顶棚，以所罗门式立柱支撑，就设置在墓穴之上。从一开始，君士坦丁就意识到公众对这座巴西利卡式

[1] 圣彼得圣陵由华盖覆盖，支撑华盖的是所罗门式大理石立柱。圣彼得的遗体从地下墓穴移到大教堂并在那里被重新安葬。

教堂的需求，而它也是罗马最早期巴西利卡式教堂中规模最大的一座，反映出它对4世纪基督徒的重要意义。

在接下来的一千年里，罗马见证了基督教会如何从卑微的开局，逐渐发展为触角伸及四方的帝国。在1300年的大赦年里，教皇卜尼法斯八世对大巴西利卡式教堂和小巴西利卡式教堂的概念做了区分，大教堂指的是罗马教区内的四座宗座圣殿，即圣彼得大教堂、城外圣保罗大教堂、拉特兰圣约翰大教堂，以及5世纪30年代教皇西斯克特三世时期建造的圣母大殿（地图Ⅲ中的9）。城外圣洛伦佐大教堂与上述四座大教堂一起，并列为罗马的五座宗座圣殿。圣彼得大教堂在16世纪和17世纪得到了大幅扩建，随着梵蒂冈成为全世界罗马天主教会的总部，利奥城得以修建。城外圣保罗大教堂在1823年的大火中几乎被彻底烧毁，从而引发了现代历史上围绕建筑遗产与修复进行的第一次，也是最复杂的一次讨论。前面提过，拉特兰圣约翰大教堂在教廷迁至阿维尼翁时变得年久失修，需要大量修复作业，修复过程中教堂同样也得到扩建。如今，上述宗座圣殿都带有反宗教改革时期改建重点礼拜场地时特有的奢华巴洛克风格，我们在后面很快就会讲到这个话题。

君士坦丁统治期间修建的建筑，无论是结构、大小还是使用目标，均没有保持一致。有些教堂满足了基督教的行政管理与仪式需求，在这之前很多年，基督教在这些问题上只能凑合应付；有些教堂，如圣彼得大教堂，回应了人们崇拜因信仰而殉道的圣徒的需求；其他教堂，比如耶路撒冷的君士坦丁圣墓教堂或伯利恒的耶稣诞生教堂，则属于基督教信仰的圣地。有些教堂直接采用了遵循罗马先例的结构设计，有正厅、前廊、中殿、圣坛和拱廊等附带建筑。其他教堂，比如圣康斯坦齐亚大教堂集中于一体的圆形建筑模式，其灵感又一次来源于古罗马广场上的灶神庙或奥古斯都陵墓这样的古罗马建筑。重要性更高的巴西利卡式大教堂引入了“耳堂”[1]，而日后夸张版本的耳堂（比如中世纪的教区主教堂）让教堂外观整体呈现为十字形。这种建筑形式并非严格遵守建筑法度，而是为满足曾经教会及其信众非常简单的需求，由建造者意外地重新创造而成。

## 转折点

圣保罗是最早一批在罗马传播基督教的人之一。圣彼得

[1] 耳堂是十字形教堂的横向部分，用直角穿过中殿，十字形平面交叉延伸出去短轴的部分称为十字形翼部或耳堂，又叫作横厅。耳堂两旁有时也会设置小圣堂，也是供私人祈祷和举行弥撒的地方。

殉道时的情形则决定了，当基督教繁荣发展时，其繁荣发展之地必定是罗马。君士坦丁赋予基督教可信度，让基督教拥有了存在感。不过在君士坦丁去世后，罗马和基督教会进入了一段关系动荡期。从5世纪初开始，组织严密、从罗马人身上学到一些先进经验的北方部落开始入侵意大利，罗马对他们来说当然是具有象征意义的战利品。西哥特国王亚拉里克一世在408—410年间，曾三次围攻罗马城，每次都取得重大战果，最终他洗劫了城市，掠夺了其中的财富。455年，汪达尔的盖萨里克率军挺进罗马时给城市造成了一些损坏，近一个世纪后的546年，经过一年的围城，城内的罗马人饥肠辘辘，哥特国王托提拉顺势攻入了罗马。与此同时，在帝国首都拉文纳，西罗马的末代皇帝罗慕路斯·奥古斯都在476年让位于奥多亚塞。罗马不再是中心了，不是全世界，也不是任何地方的中心。罗马城被哥特王国及东哥特王国占领，并且一直被哥特人统治，直到东罗马帝国皇帝查士丁尼试图收复类似拉文纳和罗马这些西罗马帝国重要城市时，情况才有所改变。以君士坦丁堡为首都的东罗马帝国与东哥特王国进行了长达二十年的哥特战争（535—554年），却没有决出明确的胜负。罗马城最终回归君士坦丁堡，成为拜占庭帝国的一部分，不久即处于日耳曼人建立的伦巴第王国的威胁之下。

哥特战争结束时，后来成为教皇格列高利一世的格列高利·阿尼修斯还是个孩子，他后来被尊为伟人格列高利、圣格列高利，通过在欧洲各地系统化地发展基督教，他对罗马最终重新成为权力中心起到了很大作用。从很多方面看，格列高利对中世纪基督教的影响力，相当于1世纪的圣保罗。格列高利出身罗马贵族家庭（属于阿尼修斯家族），他曾是罗马总督，也做过外交官，拥有高超的管理水平，是5世纪时的教皇菲利克斯三世的后代。格列高利原本已经进入修道院开始隐修，但最终选择离开修道院，坐上圣彼得大教堂的教皇宝座。590年，他成为罗马主教，此时距离西罗马帝国被奥多亚塞统治刚过去一百年。西尔维斯特和格列高利两任教皇之间的几百年里，基督教权威大幅衰落。哥特战争导致东罗马帝国的财富大幅减少，罗马城被遗弃了，再无往日辉煌，成为一座远离欧洲权力中心的区域性城市。

进入5世纪后，随着罗马帝国的控制力越来越弱，自上而下的政令和法规变得越来越没有影响力，而在欧洲地区基督教则逐渐呈网状传播。基督教的传播最初追随罗马帝国扩张的足迹，但当帝国疆域开始萎缩时，基督教却在当地生根发芽，在不同地区，比如诺森比亚和西西里，发展出了不同的习俗与特点。通过坚持一种共同信仰、共同的惯例，再加上行政管理规范，格列高利将人们的注意力重新引回罗马，他给罗马打造了一种贫穷却处于基督教会中心的形象，由他发起的教规，最终奠定了罗马教廷日后在宗教制度上的地位。特别是在罗马，格列高利充分发挥自身能力，调动后勤补给，养活了一座或多或少被君士坦丁堡抛弃而自生自灭的城市。通过以上举措，他盘活了教会的经济，赋予基督教会在接下来的几个世纪中的世俗权力，教会可以买卖土地，将食物分发与提供精神食粮结合在一起。

如果说在那个时代没有任何新建工程，那未免太过夸张。那时的人们建造了浴场，也建造了至今仍在为罗马城提供水源的水道，只不过这些都属于私人所有。我们可以公平地说，无权无势的人，比如那些因为躲避伦巴第人而逃到罗马的大批人群，并没有生活在非常舒适的环境中。

罗马与西罗马帝国之间的联系越来越弱，基督教会的组织机构因此得以分别随着组成6世纪欧洲的法兰克、东哥特、撒克逊、西哥特和不列颠等部落与王国的分支发展而壮大。尽管如此，古罗马广场上的圣葛斯默和达弥盎圣殿（地图Ⅲ中的19）却在提醒人们，不要过于宽泛、笼统地看待这个问题。作为4世纪罗慕路斯神庙的一部分，以及罗马城总督的办公地点，这座教堂由狄奥多里克大帝和他的女儿阿玛拉逊莎于527年捐赠，用于致敬两个殉道者——圣葛斯默和圣达弥盎，这也正是教堂名字的来源。那几十年的历史并不都是基督教和异教的纷争。罗马帝国从4世纪开始便正式成为奉基督教为国教的国家，还在所征服的各地倡导当地人改信基督教。随着罗马的国境线不断回收，在帝国丢失的土地上生活的人们，即便不再接受帝国的统治，也都放弃了传统宗教而改信罗马基督教（或者像日耳曼地区出现的混合了新旧宗教的阿里乌教派）。那些占领了罗马城的人并不一定是异教徒，即便他们因为侵略君士坦丁堡而被描绘成了异教徒。

因实用性的执政理念受到称赞后，格列高利启动了一系列改革，这也决定了接下来的一千年里罗马城的世界地位。在社会层面，格列高利发起了由教会牵头的福利项目，与伦巴第人协商确定了和平方案，以避免伦巴第人对教会在意大利南部、撒丁岛和西西里岛迅速扩张的土地所有权形成威胁，正是这些土地为实施福利项目提供了经济保障。他构建了基督教行政管理的框架，用来控制财政支出和食物流向。那些负责收入与支出管理、买入与消耗的工作人员，实际上是对一个集权机构负责。

尽管在不同程度上出现了过度兴建问题，但有一些教堂还是能让我们找到跨度为几个世纪的福利项目的痕迹，比如，维拉布洛圣乔治圣殿（地图Ⅲ中的16）、帕拉蒂尼山脚下的圣提奥多教堂（地图Ⅲ中的15）、屠牛广场上的希腊圣母堂（地图Ⅲ中的14，因入口处的“真理之口”而闻名）、5

世纪修建的圣母马利亚古教堂（地图Ⅲ中的17），向北走一小段路，还有拉塔路圣母堂（地图Ⅲ中的8，位于科尔索大道）。这些教堂彼此之间的距离很近，说明住在当地的人口具有集中性。其中最古老的教堂，比如圣提奥多教堂和拉塔路圣母堂，更是直接占用了之前古罗马的店铺，建起了福利救济中心。在这一时期，和几个世纪前一样，屠牛广场一带的港口区是物资的进口与分流中心。6世纪和7世纪古罗马广场和台伯河之间的重建工程，部分是为了满足基督教将城市中心基督教化的需求，同时也复兴了那些因公共行政机构萎缩或因罗马神庙中空无一人而被放弃的区域。

在信仰的问题上，格列高利推广普及基督教时，没有沿用罗马古典时代留下的阳春白雪的方式，比如强调罗马的形象以及罗马代表的意义，那些做法实际上已经完全与基督教的实践融合在一起，而是像克劳特海默所说，提倡“单纯的信仰”，使用“新形式的宗教敬虔活动，包含非理性和异术的元素”。[3]在旧秩序中，维护并安抚众神的任务可能属于祭司，神树和石块也许属于北方原始异教，但如今圣徒和圣物也能带来奇迹。

这种基督教教义尤其吸引北方的欧洲人，他们恰好处于君士坦丁4世纪的改革引发的皈依潮中，只是因为罗马后续实力不济，才导致基督教不断与当地的各种制度与习俗融合。克劳特海默注意到，“通过格列高利，罗马才成为西欧和中欧的传教中心，西方教会的组织中枢，以及皈依基督教的日耳曼部落的精神向导。罗马成为西方基督教首都的同时，对整个中世纪西方的政治也开始产生越来越大的影响”。[4] 交易圣物这一臭名昭著行为的滋生就与此有关。格列高利延续了古罗马价值观，他本人并不喜欢参与跟遗骨或殉道者埋葬地有关的活动，可其他人却试图与罗马的殉道者近距离接触，或者亲自体验罗马式的崇拜殉道者的方式（这些殉道者也许死在离家园更近的地方）。在罗马的日常生活中重塑教堂的中心地位，以及使罗马重归在基督教会的中心地位，这两大成就的影响深植于古典时代结束后罗马长久发展的根基中。作为一座正常运转（或者说艰难运转）的城市，罗马经济形势良好。罗马城可居住的区域缩小到城墙内的一片居住区（*abitato*），而非居住区（*disabitato*，也就是奥勒良城墙内无人居住的空地）转而变为农业种植区、葡萄栽培区，或成为废墟，或形成小村落。随着基督教会在罗马城中控制的土地越来越多，其优秀的食品供应管理，使得教会的福利项目拥有了更多的世俗权力。

君士坦丁统治时期、教皇西尔维斯特一世及其继任者统治时期，罗马曾经出现过一段时间的大规模建筑热潮。帝国保卫罗马城的同时，也不断支持兴建新的教堂建筑，同时整修破损的防御工程、道路、桥梁等。圣母大殿（地图Ⅲ中的9）建于亚拉里克和盖萨里克两次入侵罗马的间隙，至今仍是留有那个时代痕迹的少数建筑之一，它的中殿与马赛克镶嵌画可以追溯到5世纪30年代教皇西斯克特三世统治时期。很多空荡的神庙也许满足了教会需要地方进行宗教崇拜及社会服务管理的需求，因此这些异教的宗教建筑被改建为满足人们需求的实用建筑。尽管如此，459年通过的一项法律允许重新利用废弃神庙及公共建筑的原料，这些建筑因为年久失修过于严重，被认为不可修复。我们现在称这个过程为"宗教掠夺"，而"年久失修"和"不可修复"放在不同语境下究竟是什么意思，实际上是没有答案的。圣彼得大教堂获益于这个过程，拉特兰圣约翰大教堂也是如此，几乎所有6世纪以降罗马出现的"新"建筑都是如此。461年由教皇希莱尔启动的对帕拉蒂尼山脚下4世纪修建的圣亚纳大西亚圣殿（地图Ⅲ中的18）的重建工程，可能就是前述法律规定的早期受惠对象。可罗马古典时代的建筑与纪念碑还在持续成为建筑原材料的来源，直到17世纪宗教建筑大繁荣时代才有所改观。简单来说，如今罗马历史遗迹的现状，更多是因为对建筑资源的重复利用，而不是北方民族入侵的结果。

第一座被用作教堂的前基督教时代的神庙，也许根本就不是一座神庙，至少不是最严格意义上的神庙。教皇卜尼法斯四世得到（拜占庭）皇帝福卡斯许可，在609年将万神殿敬献给圣母马利亚和殉道者，更名为圣母马利亚圆顶教堂（地图Ⅲ中的7）。作为当时唯一从神庙改为教堂的建筑，万神殿孤零零地等待了两百多年，才看到另一座神庙转为基督教堂——屠牛广场上的福尔图娜·维利斯神庙（地图Ⅲ中的12）在872年被敬献给埃及的圣母马利亚。尽管早已按照自己的方式被圣化，但罗马帝国时代的大量公共建筑在改建为宗教建筑的过程中并没有引起太多问题。随着福利项目规模扩大，人们需要的是食品店和分发中心，那时的人们集中居住于特拉斯提弗列与卡比托利欧山之间台伯河两岸区域，为了满足一座人口分布极为稀疏的城市的需求，越来越多的建筑被转作上述用途。

## 基督教帝国中的罗马教会

罗马在格列高利一世及其继任者统治下打造出的新型世俗王国，依靠传教士而不是军队进行扩张。格列高利通过一种中心化的方式对传教士进行管理组织，这种管理方式实际上源自罗马帝国的实用统治手段。作为东罗马帝国偏远的边缘，罗马城以一座城市的身份稳定下来。作为基督教的圣地，罗马的经济基础得以增强。到访罗马的人来自欧洲各地，由此带来了对教堂、住宿、食物和马厩的需求，这种情况至今也没有太大变化。7世纪中期，最早的罗马旅游指南开始在市场上流通，游客得以从中想象罗马帝国最强盛时期的疆域。作为基督教现实意义和象征意义的中心，罗马吸引的游客是来自世界各地的宗教臣民，以这些人为基础，罗马事实上拥有了世俗权威。佛兰德艺术家彼得·安东·冯·范沙夫的雕像作品捕捉到了上述宗教授权与世俗权力交织的状态，它在1753年被放置于哈德良陵墓（地图Ⅲ中的4）最上方。

在590年格列高利的教皇即位典礼上，他宣称自己看到了神示（一说是他的继任者卜尼法斯看到的）——大天使米迦勒降落在哈德良陵墓上，动用神力结束了洪水（589年）、瘟疫和哥特人侵略（590年）这一系列灾难。哈德良陵墓被重命名为圣天使城堡，这处遗迹印证了基督教会和罗马的命运在6世纪发生的转折。圣天使城堡矗立于台伯河岸，俯瞰哈德良桥（现在的名字是圣天使桥），象征罗马与教会的强大和雄伟。格列高利对罗马及教会的改变，确保教会凌驾于罗马城，而在古典时代，教会在这座城市不仅毫无权威可言，而且到处受迫害。

让我们快进到9世纪初，查理曼在公元800年圣诞节这天，由教皇利奥三世加冕为罗马皇帝。经过两个世纪以来的调整与妥协，欧洲版图逐渐形成，无数战争导致公国与王国的边界反复变化，罗马、基督教会的身份认同以及两者之间维持的结构关系在这个过程中进一步得到强化，而查理曼大帝的加冕把这两百年的激荡历史推向了高潮。或者毫不夸张地说，正是因为上述关系处于变动状态，才塑造了欧洲一千年的历史。几十年里，法兰克国王不断在西欧与中欧巩固自身势力，查理曼大帝的父亲“矮子丕平”在巴黎的圣丹尼斯修道院接受教育，得到教皇扎迦利的祝福成为法兰克国王。丕平与查理曼依靠宗教权威，不断扩张手里的世俗权力，他们还强迫无宗教信仰的人改信基督教。制造基督徒如同制造臣民。查理曼在774年从父亲手里继承了法兰克王国，也将伦巴第王国收入囊中，这意味着意大利半岛的大部分地区成为他的领土。他与罗马之间保持着非常特别的关系，他一边保护罗马的利益，一边让自己的权威笼罩于罗马城之上。到底是基督教会服务于法兰克王国的神圣野心呢，还是法兰克王国的世俗权力源自宗教权威——归根结底也就是源自罗马及圣彼得的遗产呢？

利奥三世的前任、长寿的阿德利安一世承认罗马是一座被东罗马帝国统治的城市，同时也意识到，罗马持续受到伦巴第王国的威胁，几乎已被伦巴第王国包围。与君士坦丁堡代表的东罗马帝国相比，法兰克是罗马对抗伦巴第距离近得多的盟友。法兰克王国信仰基督教，他们为罗马提供保护，最终吞并了伦巴第王国，为罗马解除了未来的战争威胁。利奥三世在795年阿德利安一世去世那天当选教皇，有人担心查理曼可能干预了新教皇的选择。碰巧的是，伦巴第国王对教皇非常慷慨，但利奥三世并不受罗马人欢迎，799年4月他在从拉特兰圣约翰大教堂前往圣洛伦佐教堂的路上被一群罗马人俘虏，对方指责他在宗教事务和私人事务上均行为不端。利奥三世设法逃脱后，向查理曼寻求帮助，希望重回教皇宝座。在此后的一年多，查理曼一直在思考自己是否有权决定教皇有罪与否。他把利奥三世带回罗马，教会在那里组织了一个委员会，决定利奥三世可以对罪名提出申辩。利奥三世的无罪申辩得到委员会认可，指控他的人被驱逐出罗马，利奥三世复职，重新成为教皇。这一系列行动只用了三周时间便告完成。

所有争端解决的两天后，利奥三世在圣彼得大教堂的圣彼得遗骨之上，用一顶皇冠回馈了查理曼的忠诚。这个事件对接下来几个世纪里罗马的地位产生了影响。其一，这引入了一种结构上的模棱两可，影响了整个中世纪的罗马和基督教：利奥三世（像仆从一样）将王冠戴在查理曼头上，这王冠究竟天然就是查理曼的，还是利奥三世为查理曼加冕，以教皇的身份将王冠授予他的?《教皇名录》里是一种说法，皇室记录却是另一种说法。[5]此外，获得“统治罗马帝国的皇帝（奥古斯都）”的头衔后，查理曼立刻宣称继承不久前被废黜的拜占庭皇帝君士坦丁六世拥有的皇位，宣布君士坦丁堡不再拥有统治罗马的权力。“神圣罗马帝国”这个称谓五百年后才出现，用来指代利奥三世时代形成的政治实体，但查理曼很快就以法兰克帝国皇帝的身份接受并对其实施了统治权。当罗马集帝国、教会与城市三种相互竞争的身份为一体时，罗马因其被赋予的地位，或是主动争取到的地位，均在很大程度上影响了当时发生的事件。

可本质问题却是，罗马帝国及其继任皇帝的权威是早年间通过亵渎基督教会获得的。加洛林王朝时期赞颂圣保罗和圣彼得的赞美诗*Felix per omnes festum mundi cardines*（拉丁语，意为“神圣的盛宴传遍世界角落”）的第七节里有下面一段文字：

> 哦快乐的罗马，沾了污痕的紫色上
> 有那么多伟人宝贵的鲜血！
> 你超越了世间的所有美丽，
> 不是因为自己的荣光，而是因为圣徒的美德，
> 他们的喉咙被你用沾血的宝剑割开。[6]

也许罗马拥有如此传奇的历史，让查理曼对法兰克和伦巴第的统治看起来像是对罗马的自然延续。可罗马当时的发展根基却不再是奥古斯都和哈德良的丰功伟业，而是早期基督教徒的殉道历史（或者传说中的殉道）。

基督教里一些最神圣的地点就在罗马，当买卖圣物没能满足那些想要通过接近圣徒或殉道者而重拾信仰的人的需求时，他们还可以选择踏上危险而艰苦的旅途，亲自拜访罗马城。从6世纪开始，罗马敞开大门，热情欢迎朝圣者和他们的钱袋子。从历史角度看，圣彼得和圣保罗的地位远超其他圣徒，但基督教的圣地数量庞大，而且非常多元化。所谓的《萨尔茨堡路线图》(《基督教徒罗马朝圣导览》)，可以系统地引导朝圣者遍览奥勒良城墙内外差不多一百零六个墓园、教堂或其他圣地。进出罗马的每条主要道路，比如奥勒良路、弗拉米尼亚路、（新旧）撒拉里路、奥斯蒂恩塞路、诺门塔纳路、提布提纳路、拉丁路，以及亚壁古道，都会经过墓园、殉道堂及大教堂。在城墙内，各种建筑沿着通向中世纪罗马城中心的主干道排列，形成了各个居住区。

随着时间推移，上述旅行指南的内容不断得到充实，但其最原始的核心还是7世纪中期教皇洪诺留一世统治时期在罗马殉道者的墓穴上修建、修复的那些教堂。洪诺留一世后来因为神学观点而被开除教籍，但他在整修圣地方面颇有建树。君士坦丁风格的城外圣阿涅塞教堂（地图Ⅲ中的2）就是在洪诺留一世在位时得到了大规模豪华修复，一些历史文献，尤其是拜占庭的资料显示，洪诺留一世与圣徒站在一起，手里拿着一个教堂的模型。[7]很多君士坦丁统治时期和他去世后建造的教堂在5世纪和6世纪已变得破败不堪，可就像圣阿涅塞教堂一样，这些教堂的“生命”在8世纪和9世纪得到延续。这既反映了罗马在全世界的地位变得更高，也显示了教堂状态改变与大规模朝圣（及其经济结果）之间的紧密关系。《艾因西德伦路线图》（图3.2）就反映了这一点，这份旅行指南的诞生时间可以追溯到9世纪中期之前。《艾因西德伦路线图》带领游客和罗马人走过古典时代与中世纪的交汇处，为人们提供了从更广阔、更深远的古代背景下感受罗马宗教圣地的机会。[8]

格列高利一世彻底改造了基督教会的行政机构，以此让罗马以基督教世界之源泉的形象，在意大利和西罗马帝国破碎的废墟上确立了全新地位。殉道者让罗马拥有了重要的象征意义，迫使其同盟为罗马提供保护。罗马在庞大的基督教系统的中心地位，加上圣迹崇拜的即时性，支撑了长久持续地修建新建筑、修复并改建老建筑的活动。这形成了一系列竞争的起源，导致教会、罗马的主要家族以及西欧的新罗马帝国之间延绵不断的纠纷与妥协——他们都认为罗马属于自己。

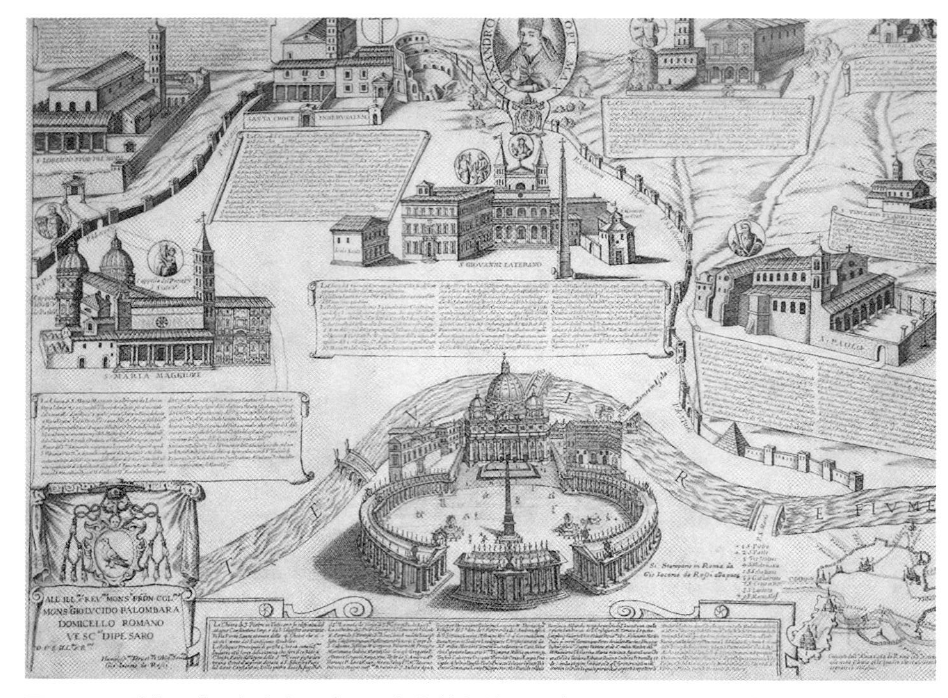


图3.2　贾科莫·劳罗与安东尼奥·腾佩斯特拉绘制的《艾因西德伦路线图》（1600年），里面有罗马城里的七座教堂。

## 争夺权力

卡比托利欧广场上的马可·奥勒留骑马雕像是一个复制品，原物收藏于附近的卡比托利欧博物馆中。按照卡比托利欧广场的设计者米开朗琪罗的要求，奥勒留雕像原物从长期所在的拉特兰宫外被迁移至卡比托利欧山上，而米开朗琪罗则在出身法尔内塞家族的教皇保罗三世的指示下设计出了卡比托利欧广场。尽管这尊雕像从中世纪保留下来的原因有时被归结于有人将马可·奥勒留错认成君士坦丁，但长久以来，这尊雕像总能吸引人们表达异议（想想1983年塔可夫斯基的电影《乡愁》中多梅尼科的演讲）。这尊雕像也是惩罚的象征。

964年，被后人誉为神圣罗马帝国第一任皇帝的奥托大帝寻求废黜教皇约翰十二世，希望以此对约翰十二世不论从宗教还是道德角度均有违那个时代伦常的行为进行惩罚。值得注意的是，当时这位年轻的教皇至多二十五岁，两年前他刚为奥托加冕，还在萨克森王国里的马格德堡设立了大主教辖区。还有一个可能存在关联的信息是，约翰十二世出身图斯库鲁姆家族[1]，意大利著名的科隆纳家族就源于图斯库鲁

[1] 图斯库鲁姆家族起源于拉丁姆，是10—12世纪掌控罗马的大家族。11世纪有多名教皇和伪教宗就出自这个家族。传统上，这个家族支持拜占庭，反对德系皇帝。

姆家族。约翰十二世是罗马统治者阿尔贝里克[1]的儿子，后者临终前的愿望就是看到儿子成为教皇。罗马帝国时代的被统治者反过来统治了罗马，阿尔贝里克对此十分厌恶。奥托大帝加冕为皇帝后不久就废黜了约翰十二世，同时扶植自己选定的伪教宗利奥八世上位。尽管利奥八世是罗马人，但他没有得到罗马市民的支持，罗马市民反对奥托大帝干涉教会的做法，他们要求约翰十二世重返罗马。约翰十二世认为没有任何凡人可以凌驾于教皇之上，所以他谴责利奥八世、奥托大帝以及任何想让他屈服的权贵。最终，约翰十二世在奥托大帝废黜他之前去世了（有不少人绘声绘色地猜测他临死前究竟在干什么）。在奥托大帝看来，约翰十二世的死意味着利奥八世成为合法的教皇。但在罗马人看来，约翰十二世的死为新的选举扫清了障碍，本笃五世被选为新教皇，登上了圣彼得大教堂的教皇宝座。和利奥八世一样，本笃五世也是罗马人；但与利奥八世不同的是，他并不是奥托大帝的附庸。但本笃五世的教皇生涯只持续了一个月零一天。奥托大帝进军并围困了罗马，罗马人屈服了，利奥八世重新成为教皇。仅仅九个月后，利奥八世的教皇生涯便命中注定般地结

[1] 即斯波莱托的阿尔里贝克二世，932—954年在位，约翰十二世是他的私生子。

束，在他死去的那一刻，就像一个主题衍生出的不同故事一样，混乱局面再度出现。

利奥八世死后，罗马的大家族希望重新将自己人本笃五世推上教皇的位置，可纠纷还没解决，本笃五世就死了。约翰十三世（也称纳尔尼的约翰）是各方妥协的结果。他由奥托大帝指定，来自罗马权贵家庭克莱森提，得到了罗马的支持。可就在被任命时，约翰十三世决定支持奥托大帝，与罗马城的大家族对抗，罗马的权贵当然不接受他的做法，将他驱逐出罗马。奥托大帝指派了一个名叫彼得的人担任罗马城的行政长官，但彼得却与心怀不满的罗马人联手，对抗自己的皇帝。奥托大帝决定解决这些麻烦，他在966年进入罗马城，吊死了十几个高级政府官员，把彼得的头发系在马可·奥勒留雕像上吊了一段时间（具体多长时间不明），随后鞭笞了彼得，把他拴在马背后在罗马城里游街示众。彼得随后被送进监狱，最后遭到流放。

尽管不是一切的起点，也不是终点，但彼得被奥托大帝吊在拉特兰宫前的样子，却生动记录了当时罗马所处的尚不明朗的世界地位。基督教会认为自己高于王冠，认为皇帝的统治权由他们授予。皇帝认为领土上的所有人都是他的臣民，包括对法兰克王国的国家统治结构建立贡献良多的教会官员。很多罗马人认为自己比基督教和皇帝地位更高，基督教是罗马送给世界的礼物，帝国也是如此。毕竟罗马帝国不是简单地模仿奥古斯都创立的帝国，而是对它的继承。就像未经传主授权的传记所描绘的对象，罗马的现实搅动了帝国赖以维系其权威象征的形象，相对而言，对于那些明白自身在罗马社会结构中地位，可追溯到戴克里先及之前时代的家族来说，正如圣彼得和圣保罗等圣徒对于当时的罗马一样，教会重返罗马是一种障碍。

从查理曼时代开始，新的罗马皇帝即便真的来到罗马，也只会住在梵蒂冈的使徒宫或拉特兰宫，二者都是中世纪时期最能彰显教皇权力的地点。日耳曼皇帝在罗马没有自己的宫殿，这既是出于实际，同时也是承认，罗马在帝国的话语权与其在地缘政治及制度设计上的地位并不匹配。漠视罗马很多年后，奥托三世在帝国内重新燃起了对罗马城的热情，当时他还是一个青少年，梦想让罗马城重现辉煌，使之成为神圣罗马帝国的真正中心。这个目标很是天真，反映出奥托三世缺少执政经验。他三岁时便戴上了王冠，可直到十六岁才真正获得统治权，母亲的摄政期一结束，奥托三世就在996年直奔罗马，加冕为皇帝。他开始在罗马修建皇宫，人们一直以为皇宫的地址位于阿文丁山，不过近些年来学者开始偏向另一种更有可能的观点，认为他试图在帕拉蒂尼山，特别是在靠近如今圣塞巴斯蒂安教堂（地图Ⅲ中的20）的奥古斯都宅邸废墟上修建皇宫。圣塞巴斯蒂安教堂17世纪时重建于帕拉蒂尼山巴贝里尼家族的葡萄园里，旁边就是建于3世纪埃拉伽巴路斯神庙（地图Ⅲ中的21）的废墟。

事实上，奥托三世的野心没能变为现实。在他必须离开罗马前往其他城市时，罗马市民发动暴乱，他再未能返回罗马。1002年，奥托三世因为疾病而结束了短暂的统治，11世纪的罗马城没有恢复帝国时代的荣光，反而陷入为确定自身在帝国中地位而进行的漫长讨价还价之中。尽管9世纪的发展让罗马在欧洲政治版图中获得了新的发言权，可事实上，那些年修建的任何建筑，似乎都是小小的奇迹。不同家族之间因为支持或反对教皇而互相争斗，罗马城被分割为互相对抗的要塞，敌对方不允许另一方通过自己的道路和桥梁。不同的家族集团要么支持皇帝、反对教皇，要么支持教皇、反对皇帝，争夺选择教皇继任者的权力导致了一波又一波的暴力破坏，而1084年诺曼国王罗贝尔·吉斯卡尔武力入侵罗马，令局面进一步恶化。这个时代用来装饰教堂和民用建筑的钟楼，最初建造时并不一定被当作瞭望塔使用，但实际上却毫无疑问发挥了这一作用（20世纪对特拉斯提弗列圣母教堂和希腊圣母堂的重修时，发现了很多保存完好的钟楼）。不同罗马家族为了获得各种战略层面的优势，不可避免地支持外部势力。比方说，基督教会为了自身权威，为了建立真正基督教城市的许诺，将权威赋予一些罗马家族，而其他家族依赖直接来自罗马古典时代的权威，不论是否与帝国结盟，他们都会以此权威对抗教会。没有人的立场是不可改变的，而这几个世纪的历史充斥着罗马大家族改变立场的故事。

11世纪和12世纪的罗马城里，到处都是7世纪时为朝圣者指引过方向的建筑物和指示牌。这时的罗马城，也到处都是古典时代留下的遗迹，其中既有我们在今天能够看到的所有古建筑，也有那些尚未遭到破坏的建筑，但在15、16和17世纪兴建大潮中它们被拆除了。[9]当教士本尼迪克特在12世纪40年代写下《罗马圣地指南》时，吸引他关注的不是对基督教具有重要意义的地点，而是作为帝国中心的古代罗马。本尼迪克特写作这本书，不是随便进行的一次古物研究，而更像是一次掺杂政治因素的祈祷，试图回忆罗马最美好的时代，回想当初的治理结构——在那个时代，执政官和元老可以镇压任何越过城墙的敌人。在基督教拥有支配地位，而罗马的大家族为了争取这一处于世界中心的城市的权力而需要更多地彰显罗马本身存在感的历史时刻，本尼迪克特的这本小册子呼吁游客去尊重罗马辉煌的过去。12世纪40年代，人们试图用建立罗马公社的方式将城市交还给市民，我们很快就会详细谈到这个话题。

## 圣克雷芒教堂

从君士坦丁战胜马克森提乌斯而引发的罗马千年变局之路，其实并非笔直向前，其间关于何为罗马帝国的真正遗产，及其对中世纪现存制度的持久权威的真正性质，争论从未停止，使之极其复杂。在前进的路上，罗马发生过世界观的根本改变，城市的政治机构曾被彻底洗牌，政治与军事联盟分分合合，且在整个过程中，罗马在基督教世界的地位也在不断变动。作为城市，罗马的大部分区域回归自然（变为废墟），或者转为农业用地。16世纪时，奥勒良城墙内无人居住的区域被称为非居住区。如果说奥古斯都时代有一百人住在罗马城，到了8世纪情况最糟糕时，这个数字只剩下三到四人。在那些仍然有人居住的地方，历史进一步积聚在一起，中世纪积淀于古典时代的建筑之上。过去由罗马众神保佑的神庙、仓库和其他建筑调整后用于满足基督教的需求。人们拆掉一个建筑上的大理石和花岗岩，用来修建新的建筑。钟楼建起来了，钟楼被毁掉了；房屋建起来了，房屋被毁掉了。罗马人分别与伦巴第人、法兰克人、日耳曼人、诺曼人、撒拉逊人发生过战争，不同王国之间打着罗马的旗号互相争斗。教会与罗马城对抗，教会与帝国对抗，教会和自己对抗，罗马城与帝国对抗。悠久丰富的历史叠加在一起，导致关于罗马这座城市在世界（或者凌驾于世界之上）的形象，其权威的根基以及遗产，出现了无休止的竞争，从而画出了一条连接过去、通往未来的线。每一场竞争，都是在城市里的建筑上进行的。

坐落于居住区边缘地带的圣克雷芒教堂堪称这段历史的横截面，清晰地呈现了罗马的历史层次，让我们了解罗马是如何从古典时代缓慢又稳定地转变为13世纪时统治基督教世界的强大力量的。圣克雷芒教堂如今位于斗兽场与拉特兰宫之间的拉比加纳路上，是基督教成功压制其他制度与势力的例证。这座教堂的出现，标志着从9世纪延续到11世纪的混乱与不协调的终结。人们认为，在与神圣罗马帝国的皇帝亨利四世的争斗中，格列高利七世解决了教皇统治权的问题。格列高利七世曾经三次将亨利四世驱逐出教会，亨利四世则举行宗教会议宣布废黜格列高利七世，还扶植了伪教宗克雷芒三世（拉文纳的吉伯特），并且在1083年攻占罗马（这是他第三次试图控制罗马城）。格列高利七世固守圣天使城堡，他的盟友科尔西家族、皮耶莱奥尼家族分别据守卡比托利欧山和台伯岛，他们至少坚守了一段时间。守护切斯提奥桥的钟楼就是皮耶莱奥尼家族占领台伯岛的证据，圣尼古拉监狱教堂（地图Ⅲ中的11）对面、尤加留斯街与马切罗剧场街交汇处与周围风格不一致的房子也是这段历史的见证。格列高利七世寻求诺曼国王罗贝尔·吉斯卡尔的帮助，而后者1084年对罗马的“洗劫”是一个决定性事件，在格列高利七世与亨利四世的争斗中，吉斯卡尔帮助了教皇。[10]虽然吉斯卡尔让格列高利七世获得了自由，但他的士兵仍在烧杀抢掠，这导致罗马人转而反抗这两个人。格列高利七世在流亡中死去，但在此之前，他维护了教皇至上的原则——他将罗马确定为教廷的中心，而不是神圣罗马帝国的中心。仅仅一个世纪后，在英诺森三世担任教皇期间，这一原则便得到了最大限度地实现。

吉斯卡尔造成的破坏之一，就是毁掉了建于4世纪，敬献给1世纪的教皇、圣彼得的继任者克雷芒一世的圣克雷芒教堂（地图Ⅲ中的25）。原始的教堂是君士坦丁宗教改革后大规模修建教堂时期的产物，周边的圣约翰和保罗大教堂（地图Ⅲ中的24）、战神广场上的卢奇娜的圣洛伦佐教堂（地图Ⅲ中的5）、阿文丁山的圣撒比纳教堂（地图Ⅲ中的13）和圣彼得镣铐教堂（地图Ⅲ中的23，米开朗琪罗的“长角的”摩西像就在这里）也建于那段时期。由于在加洛林王朝得到修复，圣克雷芒教堂也见证了这一段历史。后来成为教皇帕斯夏二世的拉涅罗当时担任枢机主教，在圣克雷芒教堂被诺曼士兵摧毁时，他亲眼看到士兵纵火焚烧附近同样可以追溯到4世纪或5世纪的四殉道堂（地图Ⅲ中的26）。帕斯夏负责两

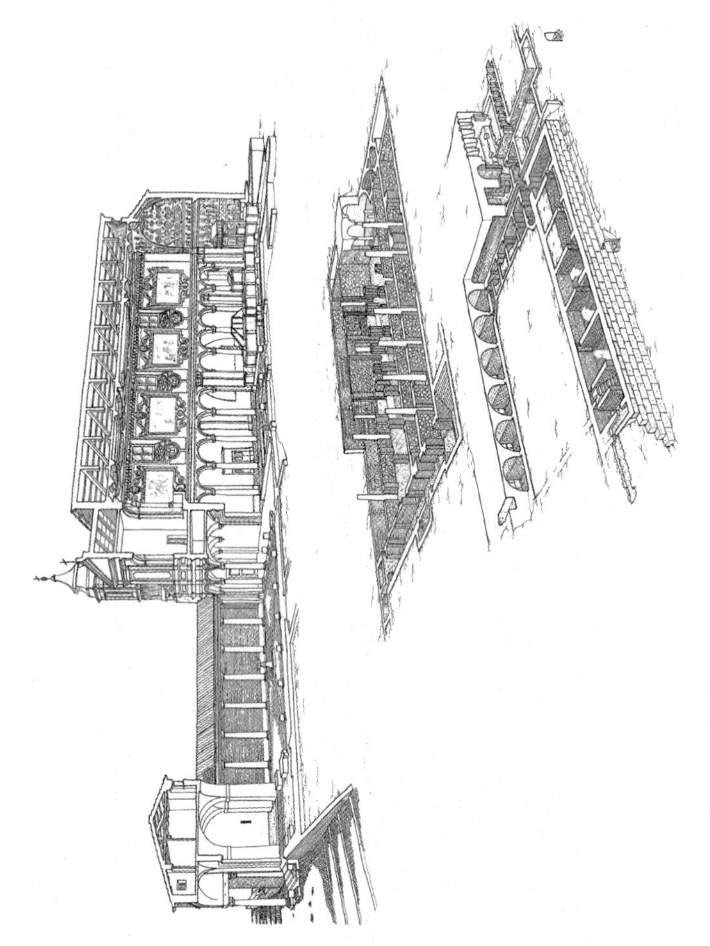

图3.3　圣克雷芒教堂的拆解图。

座教堂的重建工程。四殉道堂的规模变小，结构也做出了调整，但仍是一座名副其实的要塞式建筑，而新的圣克雷芒教堂则是一座奢华的教堂，建在4世纪的地基上，比最初的基准面高出几米。两座教堂的正厅都是对4世纪和5世纪罗马建筑风格的致敬，就像本尼迪克特的小册子颂扬古罗马一样，符合当时推崇古罗马模式的大环境。当基督教又一次在世界上宣示自身地位时，他们向教堂更早期且处于形成阶段的历史致敬。

我们可以说，圣克雷芒教堂象征性地建在了罗马历史之上，实际上它也确实建在罗马历史之上。12世纪在帕斯夏二世的指挥下，重建工程几乎直接在面积更大的4世纪原址上进行，原先的教堂虽然建于地面上，但低于街道路面高度，或者说至少低于12世纪的街道路面。实际上，为了修建新教堂，12世纪的建造者认为有必要拆除最顶部的墙体，而上层教堂的支承结构直接向下穿过老教堂。从重建时起到19世纪中期，老教堂既无人使用，也无人知晓。如今，人们可以从楼梯走到早期建筑的前廊，再走到现在教堂下方的结构中。位于教堂下方的，是一大片保存完好却显得杂乱的1世纪（基督教以前）房屋遗址，房子属于一个位高权重的人，里面有一个仓库和一个（晚期）家庭祭祀用的密特拉神龛。这座房屋在1世纪时曾被用作家庭教会，但这一功能没有延续下来，所以才会出现2世纪的密特拉神龛。此房屋也有可能建在另一个被公元64年的大火摧毁的共和国时代房屋的废墟之上。我们今天能够看到的豪华内饰，是18世纪对帕斯夏二世重建工程的修复，但摄人心魄的马赛克仍然生动地体现了中世纪时期人们的世界观。正如下方教堂里的湿壁画让人想起教堂的早期发展阶段一样，保留下来的密特拉神龛也能让我们想起那个无疑正在改变着的充满妥协的世界。

罗马城内没有哪个角落，在解读历史不同层面的清晰度与重要性上可以与圣克雷芒教堂相提并论。在圣克雷芒教堂，我们发现了古罗马时代的建筑地基，在12世纪，它让人联想到罗马的世俗权威超越基督教宗教权威的时期。当然，罗马的权威是神学意义上的权威，而且一定程度上通过1215年的拉特兰公会议决议得以实现，这次会议提出了教皇至上论，确认腓特烈二世为神圣罗马帝国皇帝。这是教皇大权遇到的最后一个阻碍，随后，腓特烈二世的继任者斯瓦比亚的康拉德终结了霍亨斯陶芬王朝，由此弱化了神圣罗马帝国相对于罗马的权威。尽管13世纪时确立了罗马在基督教城市中的显著地位，使其成为“世界之都”（基督教帝国中的首位城市），可14世纪之交酝酿着罗马对教会及其地位基础的认同危机，罗马的权威受到了损害。

## 罗马公社[1]

12世纪圣克雷芒教堂和四殉道堂的重建工程，可能会被误认为姗姗来迟的和平时代终于来临。但在强势家族、宗教派别及神圣罗马帝国之间，罗马的权势力量间的平衡非常脆弱，而且总是被打破。克劳特海默回忆，1088年当选教皇的乌尔班二世在担任教皇的十一年里，有超过一半的时间无法进入罗马。乌尔班二世绝非无能之辈，他发动了第一次十字军东征，还采纳古罗马元老院的模式管理基督教会。然而，乌尔班二世是法国人，所以他是“外邦人”，总是需要躲进皮耶莱奥尼家族的“守卫森严的城堡”中寻求保护，就连1099年他的葬礼行进队列也因为克雷芒三世的支持者占领圣天使桥而被迫改道。罗马这座城市，因为宗教派别而四分五裂，又会因为短暂的和平而凝聚在一起。1122年的《沃尔姆斯宗教协定》似乎为罗马创造了这样的时刻——教皇卡利克斯特二世与亨利五世达成一致，解决了麻烦重重的主教授职问题以及由此引发的教皇在神圣罗马帝国内究竟拥有何种权力的问题。可洪诺留二世1130年去世后的教皇选举却引发了

[1] 1144年，由于教皇和当地贵族的权力越发膨胀，皮耶莱奥尼领导叛乱，建立了罗马公社。这次叛乱的目的是组建一个类似于罗马共和国的政府。

一系列新纠纷。两个教士团举行了两次选举，且都不承认对方的合法性，由此出现了两个教皇，一个是日耳曼国王洛泰尔和弗兰吉帕尼家族支持的英诺森二世，另一个是出身皮耶莱奥尼家族的安纳克勒图二世（传统上被视为伪教宗），他占据圣天使城堡的同时，还指挥协调拥护者抢劫罗马城里的教堂。[11]

在这期间的1143年，罗马共和国宣布成立，这是一个由元老院代替市民统治的国家，恢复了缩写为SPQR（元老院与罗马人民）的标志性古罗马自治（与自决）政治形态。元老院将罗马的地位置于基督教与神圣罗马帝国之上，由五十六名市民组成，其中有贵族也有平民，由一名执政官领导。首先，这是吉奥达努斯·皮耶莱奥尼的又一次政治尝试，尽管他是安纳克勒图二世的兄弟，但并不支持后者。教皇英诺森二世收到明确信息，对方要求他将世俗财富与权力交给罗马共和国，把精力集中在宗教问题上，让罗马人自己解决他们的所有世俗难题。为了向教会证明，没有富人从中作梗，为教会服务是多么容易，罗马市民洗劫了一些属于枢机主教的豪宅。为了应对这一事态，教皇卢修斯二世（1144年当选教皇）打出了欺骗和残酷镇压的组合拳，希望结束城市的混乱状态，从他当选教皇开始，城内的叛乱迅速演变，已经发展到组建罗马公社的地步。当然，元老院认为该被他们统治的不只是基督教。与卢修斯二世及其继任者尤金三世及阿拿斯塔斯四世以及罗马国王康拉德三世虚与委蛇了十年后，到12世纪50年代中期，罗马迎来了一个新教皇和一个新皇帝。元老院提出为绰号“巴巴罗萨”的腓特烈一世加冕，属于霍亨斯陶芬王朝的这位国王愿意屈尊以神圣罗马帝国的名义进行统治。但腓特烈一世拒绝了元老院的提议，而是选择在1155年由出身英国的教皇阿德利安四世为自己加冕。克劳特海默对此言简意赅地写道：“一切和过去一样，（腓特烈一世）在博尔戈[1]与罗马人陷入血战，又同样像过去那样被疟疾困扰，被迫迅速撤退至日耳曼人的领土上。”[12]

双方的对峙最终在1188年通过克雷芒三世的干预得到解决，那时当选教皇还不到一年的他已经想出让教皇重掌大权的办法，他知道如何夺回过去五十年从教会流向罗马城的资产。按照克雷芒三世的计划，罗马城的行政部门是和平的产物。在这样的和平环境中，元老院服从教皇，教皇挑选元老院的领袖，而至高无上的教廷不仅凌驾于罗马城之上，而且凌驾于整个神圣罗马帝国之上。

今天，罗马的市长和议员在卡比托利欧山上的元老宫

[1] 博尔戈（Borgo）：罗马的第十四区，位于台伯河西岸，呈梯形，其区徽是一只狮子，躺在三座山和一颗星星前面。

图3.4　从卡比托利欧山上看到的卡比托利欧广场，右下方有骑马雕像（后方还能看到元老宫）。这是一幅1562年的版画。

（图3.4）办公。这个建筑16世纪时由米开朗琪罗设计，覆盖了古典时代和中世纪的多层建筑，17世纪的最初几年由贾科莫·德拉·波尔塔修建完成。这个建筑的塔楼由教皇尼古拉五世在15世纪中期委托修建，所面对的广场某种程度上可以被看作民主进程——各部分为实现共同目标而协同一致（正如詹姆斯·阿克曼对米开朗琪罗的经典研究论述中说的那样）。[13]很多近代早期历史发生在这个地方，让这个建筑充分发挥了设计目的。古罗马共和国时代的国家档案馆遗址上建起了一座建筑，从古罗马广场上还能看到部分建筑结构。在12世纪50—80年代这几十年的罗马自治时期里，元老院可能就是在这里进行集会。大约在12世纪末，这里出现了另一座建筑，13世纪下半叶，新的元老宫被建造出来，它的塔楼骄傲地耸立在卡比托利欧山顶，尽管这一位置的安全性堪忧，但无须加固为城堡。法国王室的重要性和权力不断提高，这对出身法国的教皇克雷芒五世产生了极大影响，他成为欧洲强国角力的棋子。圣彼得宝座[1]在1309年被移至阿维尼翁，标志着基督教廷在很长一段时间里离开了罗马。罗马城现在被遥远的法国教廷统治，但整座城市实际全靠自治。

1344—1354年的十年里，在颇受人民拥戴、自封罗马保民官及意大利统一者的科拉·迪·里恩佐统治期间，罗马发生了暴乱。这场暴乱表明，那些拥有无限想象力且对边缘生活越发失去耐心的罗马人，什么都干得出来。这段时间的历史中，到处都是我们熟悉的剧情：有实力的家族互相争斗，神圣罗马帝国对抗元老院，元老院对抗罗马统治者，还有不断被人重复的观念——罗马是权力与威严的神圣来源。里恩

---

[1] 圣彼得宝座（Cathedra Petri）：传说中圣彼得的椅子，现置于圣彼得大教堂中贝尼尼设计的镀金青铜宝座上。

图3.5　贝尼尼设计的青铜宝座（1657—1666年），藏于圣彼得大教堂。

佐没有强大的家族历史作为背景，而且他最终耻辱地死于暴乱，但他的例子让我们确信，1309年克雷芒五世离开罗马前往阿尔勒王国的行为几乎没有影响到罗马自身的延续。近一个世纪后，教皇与罗马教廷回归罗马，罗马也回到了塑造了中世纪的复杂角逐的状态。在15世纪，一个全新的开始为上述角逐增加了新的基调，这就是我们下一章的主题。

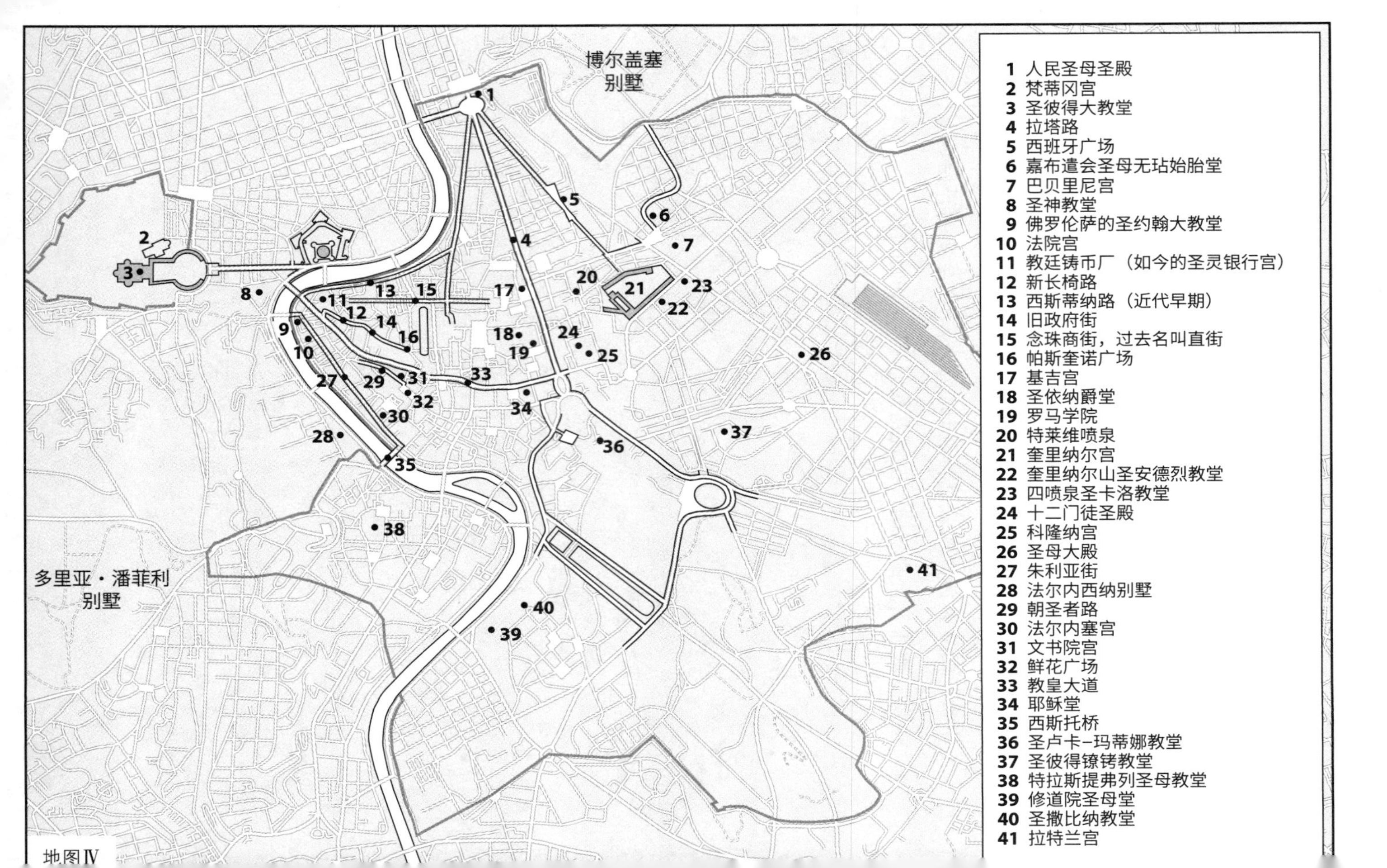
博尔盖塞
别墅
多里亚·潘菲利
别墅
1 人民圣母圣殿
2 梵蒂冈宫
3 圣彼得大教堂
4 拉塔路
5 西班牙广场
6 嘉布遣会圣母无玷始胎堂
7 巴贝里尼宫
8 圣神教堂
9 佛罗伦萨的圣约翰大教堂
10 法院宫
11 教廷铸币厂（如今的圣灵银行宫）
12 新长椅路
13 西斯蒂纳路（近代早期）
14 旧政府街
15 念珠商街，过去名叫直街
16 帕斯奎诺广场
17 基吉宫
18 圣依纳爵堂
19 罗马学院
20 特莱维喷泉
21 奎里纳尔宫
22 奎里纳尔山圣安德烈教堂
23 四喷泉圣卡洛教堂
24 十二门徒圣殿
25 科隆纳宫
26 圣母大殿
27 朱利亚街
28 法尔内西纳别墅
29 朝圣者路
30 法尔内塞宫
31 文书院宫
32 鲜花广场
33 教皇大道
34 耶稣堂
35 西斯托桥
36 圣卢卡–玛蒂娜教堂
37 圣彼得镣铐教堂
38 特拉斯提弗列圣母教堂
39 修道院圣母堂
40 圣撒比纳教堂
41 拉特兰宫
地图IV

# 第四章

# 回到罗马

世界剧场 / 回归年代 / 重生年代 / 教皇之城 /
两个工程 / 1527年罗马之劫 / 缓慢转变 /
一次字面意义上的复兴 / 巴贝里尼及以后 /
建造中的纪念碑

## 世界剧场

走进圣彼得大教堂（地图Ⅳ中的3）前方庞大的公共广场，就像踏上一个世界舞台（图4.1）。进入互联网时代后，2005年教皇约翰·保罗二世的离世，2013年本笃十六世的当选与辞任，以及教皇方济各在同一年的当选，使得来自世界各地的教徒涌进这个广场，留下了众多惊人的场面。人们挤进罗马城，两次翘首以盼地等待使徒宫里西斯廷小教堂的烟囱上冒出象征教皇选举结果的白烟。烟雾消散后，新任罗马主教就会出现在赐福廊的阳台上。阳台正上方是清晰可见的家族姓氏铭文“Burghesius”，这几个不可磨灭的字与保罗五世（本名卡米洛·博尔盖塞）有关系，正是保罗五世设计了这一壮观景象。作为一种制度化的表演形式，信众们齐聚教父面前并不是什么新鲜事，但如今因社交媒体的传播，这样的场景已变得具有强大的即时性与可辨认度。17世纪出身基吉家族的教皇亚历山大七世沿袭了前任乌尔班八世（出身巴

图4.1　圣彼得大教堂广场，由吉安·洛伦佐·贝尼尼设计，1667年完工。

贝里尼家族）及英诺森十世（出身潘菲利家族）的模式，他有力地表明，罗马城作为一个整体，可以成为基督教展现自己的舞台。亚历山大七世甚至把整座城市当作舞台去设计，他同意启动大批工程，其中包括修建属于他的基吉宫（地图Ⅳ中的17，现为意大利总理府），对古老的拉塔路（地图Ⅳ中的4）进行规范化整修，改建人民广场［在他的家族教堂人民圣母圣殿（地图Ⅳ中的1）附近］，同时将战神广场一带正式划入天主教势力范围。

不过，没有任何一个舞台，能比由吉安·洛伦佐·贝尼尼奉亚历山大七世之命设计，并在亚历山大七世去世那年（1667年）完工的圣彼得大教堂广场更广阔、更让人震撼。

关于圣彼得大教堂广场的象征意义及影响力，不论观点是否智慧或者有见地，已有太多论述。我们足以认识到，这个广场是一种象征，表明罗马在基督教世界版图中独一无二的重要地位——仅仅一个世纪前，罗马似乎还远不具有这样的地位。从远处看，广场是从大教堂延伸出的不朽姿态；从空中看，它与罗马古老及现代的露天竞技场交相辉映；这里也属于从圣天使城堡延伸出的广大区域——这个区域“合理化”了博尔戈地区积累了几个世纪的兔子窝般的拥挤住房，贝尼尼对这个地区也做出了改造设计方案，只是直到第二次世界大战结束后才真正完成。被大教堂伸出的两个“长臂”包裹，圣彼得大教堂广场是一台受生活在其中的人们驱动的机器。当你走向圣彼得大教堂的阶梯时，尽管四排托斯卡纳式立柱被一个刻有简单的有铭文的柱顶固定，但它们似乎在移动。旁边有一百尊圣徒雕像，这同样是由贝尼尼构思的设计，但并非由他建造而成。除此之外，广场占地面积非常大。站在圣彼得大教堂广场上，你不仅能变身为“基督教剧场”中的演员，也成了最纯粹意义上的观众——当教皇站在绝对中心向世界发表演讲时，你会领受或者准备好去领受这一壮观的演出。

广场中心的花岗岩方尖碑，将广场与罗马的戏剧性历史连接在了一起。这个方尖碑毫无疑问是罗马城中最古老的人工制品之一，到21世纪它已存世四千五百年。方尖碑最初修建于埃及的太阳城，后被奥古斯都移至亚历山大，又被卡里古拉运至尼禄竞技场，而在此地建起的梵蒂冈城和圣彼得大教堂广场，仿佛是对当年古罗马皇帝迫害基督教徒永恒的嘲讽。16世纪圣彼得大教堂的设计师多梅尼科·丰塔纳将方尖碑重新安置在新大教堂前的显眼位置，那是一项浩大且被详细记录的工程学上的壮举。1586年，按照教皇西斯克特五世的命令，丰塔纳将方尖碑移到了现在的位置，那时距离新的圣彼得大教堂完工还有二十年。贝尼尼将方尖碑、大教堂和广场这些原始建筑材料组合在一起，创造出了一段编排最为流畅熟练的城市体验，即便到了今天也无人能超越。

不过从这一章开始，我们要讲述的是罗马近代早期的故事，这些故事在三个世纪的时间里慢慢展开。14世纪末，基督教会在罗马的存在感大幅减弱。圣彼得宝座已经被送到阿维尼翁，作为一座大部分地区荒无人烟的城市，15世纪的罗马一直在恢复元气；作为曾经的世界中心，如今只是行省级城市的罗马，也在欧洲近代早期的权力版图中寻找自己的位置。对于罗马在一个范围已达已知世界最远处的宗教帝国中的定位问题，建造圣彼得大教堂广场就像是一次加冕，仿佛在认定罗马并非必然的地位，而且在教皇从法国重返罗马时，罗马的定位到底是什么也远未确定。当教皇格列高利十一世于1337年返回罗马时（据说是在锡耶纳的圣加大利纳[1]的请求下），罗马城的人口只有一万多，由代表罗马人的罗马大家族统治。不过随着时间推移，尽管有不可避免的纷争，但罗马又一次成为属于基督教，属于全世界的城市。

## 回归年代

在13—14世纪的几十年里，利奥四世修建的城墙所剩无几，12世纪由尤金三世修建的梵蒂冈宫（地图Ⅳ中的2）和被大火损坏的拉特兰宫（地图Ⅳ中的41）已彻底被人遗弃。罗马既是一座现实中的城市，也是一种抽象的理想，如果要找一个在这两者之间来回游走的极端形式，莫过于教皇离开了拉特兰宫的事实，与“教皇所在之处便是罗马”（*Ubi Papa Ibi Roma*）这个原则的调和。当教皇不在罗马，罗马城中没

[1] 圣加大利纳（Santa Caterina da Siena，1347—1380年）：天主教道明会第三修会圣徒，同时也是经院哲学家和神学家。

有教廷时，罗马到底该如何定位，这个问题并没有得到解决。格列高利十一世将教廷迁回罗马，他先是住在特拉斯提弗列圣母教堂（地图Ⅳ中的38），后来搬进了圣母大殿（地图Ⅳ中的26）。格列高利十一世进行了很多具有开拓意义的活动，可四十年后，他提名的继任者才终结了由他回归罗马导致的所谓天主教会大分裂。

格列高利十一世出生于1328年，在年老昏聩前，他一直没能亲眼看到罗马。1378年，抵达罗马不到一年，他就去世了，因此选举继任者的秘密会议在圣彼得大教堂召开。这是教廷迁往阿维尼翁后第一次在罗马举办枢机秘密会议，结果遭到一群罗马市民的突袭，他们决心推举一个自己人坐上圣彼得宝座。他们不仅想打破教皇多年来由法国人垄断，使得阿维尼翁有了某种罗马感觉的局面，还想恢复教廷过去一直拥有的罗马特色。教廷迁至阿维尼翁也许象征着教廷离开罗马城，但奥尔维耶托和维泰博的教皇宫表明，甚至在1308年以前，教廷与罗马的关系就已经日渐弱化。出身那不勒斯的乌尔班六世符合罗马人的要求，但他不是枢机主教团选出的，因此法国人宣称选举因外力干涉而无效。人称克雷芒七世的伪教宗随后在阿维尼翁上任——注意，不要与一百多年后同样使用这个名号进行统治的美第奇家族的教皇混淆。

基督教会接下来发生的矛盾冲突一直延续到15世纪，格列高利十二世履行了“如果伪教宗率先退位，他也会退位”的约定，教会得以在1417年获得重新选举教皇的机会（下一个退位的教皇，是近六百年后的本笃十六世）。可即便是这次秘密会议，也只是形式上在罗马召开罢了，因为枢机主教团正聚集在德国的康斯坦茨，协商解决矛盾尖锐的宗教政治问题，以杜绝罗马利益使教会事态复杂化的可能。

科隆纳家族的马丁五世当选后，教廷在1420年又一次在无论是实体还是象征意义上回到了罗马与圣彼得大教堂。马丁五世拥有坚实的罗马根基，他获得了罗马人的认可，但他本人却支持伪教宗亚历山大五世和约翰十三世。和之前的格列高利十一世一样，马丁五世先是住在圣母大殿，后来搬进了5世纪时建造的十二门徒圣殿（地图Ⅳ中的24），这座教堂就在他的家族别墅科隆纳宫（地图Ⅳ中的25）旁边。

这样的罗马，作为来之不易的遗产，实际上是一座为基督教世界服务的城市。罗马需要人们投入精力与资金，才能再次成为基督教的辉煌代表。在格列高利十一世重返罗马起步失误后，马丁五世实际带领教廷重新回到罗马，尽管罗马人欢迎将教廷重新设于此地，但他们对这种变化的心态很矛盾。实际上，不管教皇作为罗马的化身，还是罗马城在15世纪的教会历史上起到的作用，都不怎么有利于强势家族和元老院的利益。因此，罗马这个概念在15世纪的变化频率比以往更高。早先的几个世纪里，教皇也许原则上统治着罗马城，可在教廷缺位时，罗马一直以世俗形式进行市政管理。在15世纪中期，教廷并不自动拥有他们在一百多年前放弃的罗马统治权。

15世纪之初的罗马算不上一座大城市。与横扫欧洲时相比，不论是帝国时期还是基督教成为主导的时代，此时罗马的人口数量已大幅减少。再加上教廷迁至阿维尼翁以及黑死病的影响，有人估计，在1347年科拉·迪·里恩佐自封保民官时，罗马城的人口只有区区1.7万左右，这还不到罗马帝国时期这座城市人口的2%。尽管如此，罗马的权贵家族并没有忘记，基督教会一边抛弃了罗马，一边继续声称罗马属于他们。马丁五世在1431年去世，他的继任者威尼斯人、来自孔杜尔梅尔家族的尤金四世遭遇了科隆纳家族领导的暴乱。马丁五世出自科隆纳家族，他给自己的家族行了不少好处（按照尤金四世的说法，好处给得太多了，所以他立刻废止了过去的命令）。1434年，尤金四世打扮成本笃会修士模样，乘船经台伯河逃往更加友好的佛罗伦萨，船在河中多次撞到石块。这番场景生动地提醒人们，在那个年代，教会对罗马城的控制是多么脆弱。罗马教廷与科隆纳家族达成了和平协议，尤金四世逃离罗马十年后重返这座城市，却在1447年死亡，以这种再正常不过的方式，为尼古拉五世让出教皇宝座。

## 重生年代

人们习惯将尼古拉五世的继位看作新的文艺复兴时代的开端。可这种观点却忽视了对于罗马是否教皇权力的正统中心，所进行的缓慢又不稳定的磋商。所谓正统中心，并不只是体现在深植于教皇身上的一种理念，也在城市的建筑肌理中留下了印迹。与继任者相比，尼古拉五世更把罗马城看作一项工程，只不过他有着明确的目的——调解城市与政治机构（由罗马教廷代表的罗马人）的关系，让罗马成为宗教精神帝国的世界之都的同时，也成为教皇国这个世俗力量的管理中心。尼古拉五世随后启动了一系列公共工程，以提高罗马的城市地位。他推动罗马的城内建设，将罗马打造为艺术与学习中心。

每天来到最近修复的特莱维喷泉（地图Ⅳ中的20）对面广场的数千名游客，都要感谢尼古拉五世当年做出了整修维尔戈水道的决定。阿格里帕在公元前1世纪修建的这条供水渠道，在哥特战争期间因为士兵利用水道潜入城市而遭到破坏。历经九个世纪，水流又一次通过水道流入罗马，只是那时的喷泉规模很小，远不像人们今天能看到的18世纪喷泉那么宏大华丽。在意大利建筑师尼古拉·萨尔维设计如今的特莱维喷泉的三个世纪前，莱昂·巴蒂斯塔·阿尔伯蒂设计出了一个简单却高雅的水池，它最终为罗马一些著名的喷泉提供了水源，包括纳沃纳广场、威尼斯广场、西班牙广场（地图Ⅳ中的5）以及人民广场上的喷泉。

除了整修维尔戈水道，不少文化成就也归功于尼古拉五世，其中包括为后来的梵蒂冈图书馆奠基。为了实现权力均衡，尼古拉五世支持欧洲的奴隶贸易，随着奥斯曼帝国占领今天的伊斯坦布尔，他也见证了东罗马帝国的灭亡。尼古拉五世为后继的教皇提供了一种治理模板。他懂得教皇权力与运转良好的城市之间可以形成紧密的关系，世俗权威与宗教权威相融合而形成的权威可以突破城市边界，照耀全部圣彼得的领土，让罗马成为一个现代意义上的绝对国家。

实现尼古拉五世野心的过程中的一个重要环节，是悄然且有效地使卡比托利欧山（市政府）屈服于梵蒂冈（罗马教廷）。出现这种情况，部分原因在于罗马教廷承接了公共建筑、卫生设施和供水设施的修建工作，即便城市人口数量较少，但过去维持这些设施的难度已经很大了，何况这时还要面对数千名返回罗马的教会神职人员。意大利建筑学家、历史学家曼弗雷多·塔夫里指出，马丁五世做教皇时有了权力转移的迹象，只不过在尼古拉五世统治时发生质变，人们开始认为教皇直接领导地方行政官员（由教皇发放薪水）。这些官员需要对城市管理的诸多方面负责，却始终对罗马当局敷衍了事。[1]这是一个足够透明的过程，很多人看穿了权力天平倒向罗马教廷这一边，但某种程度上这个变化足够受欢迎，因此更容易被人们宽容地接受。1453年1月针对教皇统治的一次叛乱，导致本该担任保民官的斯特凡诺·波尔卡里在圣天使城堡被绞死。他在死后得到的“骄傲的斯特凡诺”这个称号，表明了罗马人的矛盾心态。很多人理所当然地认为，即便教会的统治损害了罗马的自治，但自治这种城市管理机制不如罗马教廷的统治那么高效。阿尔伯蒂（毋庸置疑，他是博学大师）在1453年的《波尔加里阴谋》中写道，尼古拉五世仁慈的另一面，便是罗马市民不再合法：“罗马人不再被允许成为市民。”[2]罗马人如今是教皇国的臣民，而罗马则是教皇国的首都。尼古拉五世确保罗马教廷拥有越来越多的职责，由此获得了超越罗马之上的权力，甚至第一次让负责教廷财政的副司库担任城市的执政官。如此一来，罗马便明确无疑、实实在在地再次成为基督教的资产。

“圣彼得的天国钥匙”[1]这个如今无处不在的教皇符号大量出现的时间也是尼古拉五世统治时期，他在推进城市重建工程的同时引入了这个符号。罗马城内不管在新建还是翻修

---

[1] 圣彼得的钥匙这个符号源自《圣经》，指耶稣交给彼得保管可以打开天国之门的钥匙。

的教堂、公共机构和基础设施（比如喷泉）上，都留下了这一清晰可见的符号。这是在提醒罗马人和游客：教廷做了多少好事，而罗马人未将罗马视作基督教之城时犯下了多么严重的错误。[3]

通过重建、修复，尼古拉五世将罗马城变为教廷有价值的延伸，为接下来几个世纪里教廷与城市之间的关系奠定了基调。我们很快就会看到，有时这种关系被认为是过度的，而有时只是勉强维持。马尔腾·德尔贝克在《宗教的艺术》中提到了16世纪和17世纪发生的一系列事件，其中之一是罗马市政厅向一名教皇赠送雕像，感谢后者为城市发展做出的贡献，结果雕像在教皇去世后却成为暴力与公开抵制的焦点，因为公众反对教会、反对教皇集罗马国王与神父于一体的形象。[4]（到17世纪时，教皇亚历山大七世对此心知肚明，所以他在遇到相同情况时巧妙地拒绝了。）从很多重要层面上来看，我们可以将部分责任归咎于马丁五世和尼古拉五世，因为他们将这座城市与身在其中的教廷的职能无条件地等同，由此导致罗马在进入现代时遇到了各类挑战。

与其说尼古拉五世将新的生命力注入罗马，不如说，他更像一个给很久以前建造的壁炉拉起风箱的人，他将世俗制度用作燃料，让基督教发光发热，让罗马作为世界中心的形象得以复活。可这是一个脆弱的形象，且接下来的几十年里都弥漫着这种脆弱性。

## 教皇之城

尼古拉五世用更笃定的姿态、更全面的想象力，为16世纪和17世纪的教皇们设置好了表演的舞台。尼古拉五世也许是圣彼得的继任者，但他也有罗马世俗统治者的天分，他让罗马不仅在精神和象征意义上，也从土地和行政归属上真正成为教皇的领土，同时吸引有意在基督教世界宣示世俗权力的人承认，罗马主教拥有更高权威。尼古拉五世用宗教复兴让罗马城臣服于自己，而他的继任者波吉亚家族的卡利克斯特三世和皮科洛米尼家族的庇护二世一门心思地想要维持罗马之于整个欧洲的权威，当时欧洲似乎正受到奥斯曼帝国的扩张以及君士坦丁堡陷落于土耳其人之手的威胁。对他们来说，基督教的欧洲版图危如累卵。但出身德拉·罗韦雷家族的西斯克特四世关注的却是罗马。他翻新了使徒宫里的大礼拜堂，也就是如今以他的名字命名的西斯廷小教堂，这座教堂因米开朗琪罗奉他的侄子尤里乌二世之命绘制的湿壁画而闻名于世。西斯克特四世还推进了由尼古拉五世启动的博尔戈地区整顿工程，他拆除了拥挤的房屋，在梵蒂冈山与罗马之间修建道路，既能高效运输货物（真实的力量），也允许人们列队行进（象征性力量）。1492年被选为教皇的亚历山大六世整修了圣天使城堡，围绕圣彼得大教堂修建了大量建筑，启动了罗马第一大学的建筑工程（不过这个地点更有名的是后来17世纪由弗朗切斯科·博罗米尼设计的圣依华堂），整肃了里佩塔港附近的奥尔塔乔，只不过没过多久这里就又恢复为过去臭名昭著的模样，重新变回了卖淫据点。

这些教皇也把罗马视作教皇公国。他们拼尽全力重塑罗马，使之成为一座拥有上帝赐予的力量及安全感的荣耀之城，这一过程既体现在外交（或者战争）方面，也体现在罗马城的建筑上。如果要在罗马寻找一个将教皇权威凝于一个瞬间的建筑物，最合适的莫过于圣彼得大教堂的新穹顶了。不过当我们将新穹顶与罗马城历史中心区教皇赞助的建筑、公共广场、喷泉和道路建设联系在一起时，我们就能真正意识到，重整罗马是一项为了满足各种需求，尤其是教廷需求的大工程。

## 两个工程

尼古拉五世时期已经有人讨论过重建圣彼得大教堂，他们希望解决这个重要的朝圣场所极度破败的现实问题。由于疏于管理，长期无人使用，再加上14世纪和15世纪初的教皇身在罗马时偏爱特拉斯提弗列圣母教堂、圣母大殿和十二门徒圣殿，如果听任其自行衰朽，圣彼得大教堂早晚会倒塌。阿尔伯蒂在15世纪40年代写就的建筑学专著《建筑的艺术》中的最后一段，甚至从建筑技术角度对教堂显而易见的不稳定结构提出了他的见解：一个倾斜的柱廊“有可能导致整个屋顶塌陷”，迫使其他墙壁以特定角度发生倾斜。[5]半个世纪后，这个问题还未得到解决，亚历山大六世命令米开朗琪罗准备大教堂的重修计划。米开朗琪罗当然及时回应了这个要求，可直到亚历山大六世的继任者尤里乌二世上台后，重修工程才真正得以进行，采用了多纳托·伯拉孟特的大胆设计。

伯拉孟特也参与了朱利亚街（地图Ⅳ中的27）的修建，这是一条全新的主干道，与他对圣彼得大教堂的改造遥相呼应。从很多角度看，这条街道的设计同样非常大胆。圣彼得大教堂是一个关于教廷形象化的问题，梵蒂冈山有多大空间，圣彼得大教堂就能建多大。相对来说，朱利亚街不是那么直接地彰显教皇的威严，除非你意识到使整整一个街区的住户、机构和商业部门服从调整究竟需要多大权威，这不仅需要重新规划城市地图，而且需要根据教皇的意愿调整重点区域。罗马城中几乎没有其他街道能像朱利亚街一样，清晰地反映出城市建筑与近代早期统治者雄心壮志之间的关联。朱利亚街沿着台伯河东岸在建筑物之间画出一条切线，在今天的西斯托桥［以及圣神教堂（地图Ⅳ中的8）的对面］、北部的博尔戈地区和教权中心之间确定了一种新的秩序与效率。体现城市建筑与统治者的雄心壮志这一关联的核心关键地点，如今坐落着佛罗伦萨的圣约翰大教堂，这座教堂的修建工程始于尤里乌二世的继任者、美第奇家族的利奥十世担任教皇期间，只不过两百年后才终于竣工。这座教堂与我们今天了解的宗教权力集中化的关联不大，更多地与朱利亚街切入的西斯托桥一带强大的佛罗伦萨贸易社区有关。在这里我们能找到罗马的主要金融机构，包括文书院宫（地图Ⅳ中的31）和教廷铸币厂（地图Ⅳ中的11），也就不是纯属巧合了。

几个世纪以来，朱利亚街被融合进了罗马的纪念性景观，多个机构［包括法院宫（地图Ⅳ中的10），这里也是伯拉孟特设计的］和大型建筑都建在了这条路附近，比如意义重大的法尔内塞宫（地图Ⅳ中的30）。它背靠朱利亚街，通过米开朗琪罗设计的一座精致的桥可以跨过街道，而米开朗琪罗原本打算建造一座跨过台伯河的桥，使其直达法尔内西纳别墅（地图Ⅳ中的28）。可在1508年，当尤里乌二世启动工程时，朱利亚街却为世人提供了一种基本模式，以金融和世俗权力为中心的游行路线——比如尤利乌斯·恺撒的凯旋大道，与之相对应的就是如今的教皇大道（既是仪式性也是实用性道路）。教皇游行并非每天进行，可每进行一次，就是再次确认与重申罗马城内的一系列关系，以及这一历史悠久的城市与最年轻的第十四个区——博尔戈区之间的关系，表明教皇权长久以来的中心在拉特兰宫，而不是梵蒂冈。从这个角度来看，游行其实是一种由于近代早期罗马教廷的特殊需求而得以强调的姿态。

众多特权道路可以满足教皇的特定需求，让他们穿行于城市之中，行使自身之于罗马的权威。甚至在今天，走在城市中充满历史记忆道路上的人们，也能回想起教皇统治这座城市的年代。从圣天使城堡跨过台伯河后，教皇可以沿着直街［就是念珠商街（地图Ⅳ中的15），这条路为一条直线，在16世纪40年代时通向基吉宫（地图Ⅳ中的17）］、朝圣者路［地图Ⅳ中的29，连接法院宫和鲜花广场（地图Ⅳ中的32），鲜花广场上立有焦尔达诺·布鲁诺的雕像，提醒人们这个地点的重要性］或者西斯蒂纳路（地图Ⅳ中的13，从哈德良桥通向里佩塔港），前往不同的终点。

教皇大道以今天的新长椅路（地图Ⅳ中的12）和旧政府街（地图Ⅳ中的14）为起点，连接了博尔戈地区与卡比托利欧山，又延伸至城市管理中心，随后到达拉特兰圣约翰大教堂。尽管不能算大路，但教皇大道在中世纪晚期一直是罗马的主要道路，就像共和国时代的神圣大道和如今的科尔索大道一样。最有权势的大家族的宅邸也建在这条路上，令这一地区成为商业与政治中心。正是在这里，基督教会与罗马城时不时爆发冲突，有时甚至是暴力冲突，瓦莱里娅·卡法称之为“上演两个不同群体的冲突的地方”。6教皇大道经过帕斯奎诺广场（地图Ⅳ中的16）并非巧合，这个广场以其中雕刻于公元前3世纪的雕像得名，这些残缺不全的雕像在16世纪时成为批判教皇、罗马教廷和参议院的标志性设施[1]（如今的雕像延续了这一历史角色，至今罗马市民仍然通过雕像表达对政府失职之处的嘲讽）。

不同的街道在那时有不同的意义，而朱利亚街最初被赋予的重要性肯定不低于教皇大道。不管是那时还是现在，整整一公里畅通无阻的朱利亚街上的景色始终那么震撼。货物可以快速运输，被盗贼窃取的风险也很小，但更重要的是，有了金融（国外银行而非罗马的银行）和司法的支持，这里在象征意义上将罗马教廷与罗马的商业及政治生活联系在了一起。朱利亚街将奥尔西尼、科隆纳这样的罗马大家族排挤出权力版图，破坏他们在罗马城内的经济权威，带着宗教权

[1] 16世纪时由于教皇的力量空前强大，渴望自由表达的罗马人民找到了一种新方式，他们将讽刺诗贴在了原本用来宣扬教皇和教廷权威的雕塑上，这些雕塑就是罗马“说话的雕塑”，而帕斯魁诺雕塑是其中最有名的一座。

威重塑了罗马重要的市政机构。在与路易吉·萨莱诺、路易吉·斯佩扎费罗合著的讲述这条路历史的书中，塔夫里甚至评价了康拉德·希尔顿在马里奥山上修建卡瓦列里酒店的行为是否适当，这家现代酒店与尤里乌二世留给城市的那些历史性建筑位于同一条轴线上。[7]这是一场权力斗争，罗马城只是工具——这种情况既不是第一次，也不是最后一次出现。

现在让我们回到圣彼得大教堂。作为一对资助人和建筑师的组合，有人说狂妄自大的尤里乌二世和伯拉孟特再般配不过了。人们现在看到的穹顶出自米开朗琪罗之手，或者说米开朗琪罗及其助手与后继者之手，这个穹顶建造在一个巨大的底座上，在那个年代，这个底座极大地扩展了教堂的范围，使得伯拉孟特之后的建筑师们不得不依照他遵从尤里乌二世之命设定的规模改建，而这种设计理念也反映在了出身德拉·罗韦雷家族的尤里乌二世为自己设计的大型墓冢上（他的墓冢位于蒙蒂区的圣彼得镣铐教堂中，即地图Ⅳ中的37）。

走进圣彼得大教堂的地下空间，人们就能感受到伯拉孟特扩建这座教堂的规模。前文曾提及，人们在这里能够触摸到4世纪围绕圣彼得墓穴修建的原始建筑的立柱底座（目前仍在原位）。遗迹的其他部分则被搬至新的教堂，比如围绕教堂正门的立柱，如莱克斯·博斯曼所说，代表了“早期基督教堂建筑的本质”。[8]以下这番话可能暴露我的个人品位，但读者可以看一看尼尔·乔丹在2011—2013年拍摄的电视剧《波吉亚家族》，这部电视剧也许更能让人了解15世纪末圣彼得大教堂的规模与特点。接下来一百年的建造工程，让这个建筑结构变得极其庞大，不仅内饰规模宏大，还有一个世界上最大的穹顶。伯拉孟特死于1514年，他为资助自己的教皇仅仅服务了一年多，而且他的中心化方形的设计计划并未完全实现。不过，这个建筑后来吸收了拉斐尔、朱利亚诺·达·圣加洛和巴尔达萨雷·佩鲁齐的设计元素。这里的建筑工程持续了一个世纪，后来米开朗琪罗对伯拉孟特的内部装饰进行了重新设计，使之变为单一的整合空间，并且用一个穹顶超越了之前的一切设计。

也许我们想在这样的设计中寻找米开朗琪罗天才的设计理念，可这里和朱利亚街一样，是很多人共同努力的结果。修建圣彼得大教堂是一项极其复杂的工程。站在穹顶下方，人们所要走过的中殿是卡洛·马代尔诺的设计，穹顶本身也不是由米开朗琪罗建成（他于1564年去世，时年88岁），而是由多梅尼科·丰塔纳（也就是负责将方尖碑移至广场现在位置的人）和贾科莫·德拉·波尔塔修建完成，后者的代表建筑除了圣彼得大教堂外，还有耶稣会的主要教堂——耶稣堂。从贝尼尼广场看过去，人们今天所能看到的建筑，是卡洛·马代尔诺和贝尼尼联手创造的建筑正立面，配以由米开朗琪罗设计的穹顶，而穹顶的规模又是由奉教皇之命的伯拉孟特确定的。原始建筑的最后一片遗迹留存至1615年。那一年，分隔新旧教堂的墙壁终于被拆除——距离阿尔伯蒂提出尝试性方案，试图解决被现在的人们称为旧圣彼得大教堂的难题，已经过去了一百多年。[9]

## 1527年罗马之劫

尽管在漫长的历史中，罗马发生了很多被敌人侵略以及击退敌人的故事，但到了16世纪，罗马城却陷入自身不可能再遭到侵略的幻想中。然而，神圣罗马帝国皇帝查理五世却在1527年用强大的军事力量让罗马人认清了现实。艺术历史学家安德烈·查斯特尔对1527年罗马之劫的文化与艺术背景有一句著名的论断："应将刺激因素归于天才的非凡汇聚……狂热的局面因个人与野心的交汇而加剧，由于变得越发狂热的文化热情，以及言论与行为不同寻常的自由度。"他将16世纪之交的几十年里由拉斐尔、米开朗琪罗等人表现在绘画、雕塑和建筑上的巨大成就描述为"克雷芒风格"。这个名称来自克雷芒七世——佛罗伦萨的"豪华者洛伦佐"的侄子，利奥十世的堂兄弟。可这种生活方式不但促进了艺术发展，也在一定程度上导致了腐败与奢侈铺张，从而引发了“声势浩大而不可挽回的批驳”。[10]

罗马的野心家眼界非常高。尽管在一个世纪前，不论作为基督教的主要城市，还是随之而来的世界之都，罗马都明显受到了世人的质疑。15世纪教皇们赞助的一系列工程，都在想办法把罗马重新打造为欧洲无可争议的精神与道德中心。修复和重组城市的基础设施，就是实现上述目的的手段之一。他们修建有饮用水的喷泉，修整街道，建立新的港口，重建了很多机构，对艺术明确的支持则是另一种手段。毫不夸张地说，在三个半世纪里，罗马吸引了来自各地最知名的艺术家，去研究城市里的建筑与遗迹，在近代早期延续古罗马的传统，引导欧洲其他地区绘画、雕塑与建筑艺术的发展。然而，野心与艺术发展引来了激愤与丑闻，这在外界对于教会高度集中化的管理机构——罗马教廷的指控中表现得尤其明显。作为罗马城中意义重大的中心建筑，新的圣彼得大教堂建造得非常缓慢，而且耗资巨大。为了支付大兴土木的开支，教会决定进行“健康”的交易，他们选择的商品，就是“赦免权”。

15世纪末逐渐形成的批判罗马的氛围，促使波吉亚家族的教皇亚历山大六世镇压了道明会修士吉罗拉莫·萨伏那洛拉的反抗，后者曾短暂地推翻了美第奇家族对佛罗伦萨的统治，对教皇的道德权威提出质疑，也促使二十年后的路德于1517年在维滕贝格的教堂大门上贴出了（既是真的贴出，也是具有象征意义地贴出）“九十五条论纲”。这一行动引发了人们，尤其是阿尔卑斯山以北地区的居民，对教皇以及作为教皇权威背景的罗马在意识形态与理论领域长达十年的反抗。

新教将罗马比作巴比伦就是在这个时期，相对应的，法国和神圣罗马帝国也出现了对教皇权威有组织的抵抗，而教皇在1526年宣称自己不可被废黜，则在上述两国掀起了巨大的反对声浪。这导致教皇动用武力，查理五世命令波旁公爵查理三世指挥法国在意大利半岛仅有的军队与之抵抗。这场战争仿佛1494年法国入侵那不勒斯之战的重演，那一次罗马毫发无损，可1527年的这场战争，结果却截然相反。查理五世的军队自意大利半岛向南进军，行军途中，政治与外交让位于卑鄙的本能，军队在罗马财富的诱惑下不断前进。由于赔偿的承诺不够诱人，罗马无法阻止查理五世的军队进攻。1527年5月6月，利奥城墙[1]被攻破，随后是特拉斯特弗列周围的奥勒良城墙。最后，查理五世的军队跨过西斯托桥进入

[1] 846年，在穆斯林洗劫了旧圣彼得大教堂后，教皇利奥四世下令修建了利奥城墙。这道全长三公里的城墙历史上首次将梵蒂冈山完全包围在其中。

战神广场，罗马遭到彻底洗劫。克雷芒七世假扮成主教逃离，与3000人一起躲进圣天使城堡。按照1526年的人口普查，罗马当时的人口只有5.3万人，所以3000人也占相当大的比例了。

公众对基督教会的教义与习俗，以及对罗马主教权威的攻击，为罗马教廷带来了灾难性的十年，如今，他们又把焦点对准了作为其象征的罗马。1527年，新教改革席卷欧洲北部。对很多人来说，波旁公爵攻陷罗马，只不过是罗马普遍主义人心所向地走到了终点。

攻陷罗马不只是一种姿态，而是带来了真真切切的伤害，并且持续了很长时间。查理手下一名指挥官的回忆录记下了那次战争带来的破坏：6000人被杀，房屋遭到洗劫，城市的“很大一部分被火焚烧”；因为战争双方未埋葬的尸体，瘟疫开始在城中蔓延；教皇被迫放弃城堡；艺术品遭到损毁；当侵略者结束避暑重返罗马时，他们又在1527—1528年的冬天开始了为期六个月的系统性抢掠，而这段时间里教皇却躲进奥尔维耶托舔舐伤口。[11]有个亲历者在信中感慨地写道：“这里不再是罗马，而是罗马的坟墓。”[12]城市里的建筑遗迹遭到破坏，最神圣的场所被人亵渎。直到1545年法尔内塞家族的保罗三世当选教皇，查理五世本人于1536年4月在罗马进行了恳求天主原谅的胜利游行后，又在16世纪耗费大量时间进行重建，罗马的艺术、财富与地位才得以恢复。“基督教会重申自身权威，”查斯特尔总结道，“罗马重拾威望，这种威望既古老，又与基督教相关，既是文化上的，也是宗教上的。”与此同时，查理五世“庆祝自己战胜了异教徒”，“洗劫罗马之责得到完全豁免……甚至还位列最伟大的皇帝”。[13]罗马伤痕累累，但还是见证了新的一天。

## 缓慢转变

新的圣彼得大教堂成为罗马城无可争议的主宰，这个过程发生得既不快，也不顺畅。教堂的设计师以及教堂的使用目的总是在变化，从外界开始介入和修复这个神圣又破败的建筑起，到远在圣天使城堡都能看到新教堂前巨大的广场为止，中间经历了几个世纪之久。乔瓦尼·巴蒂斯塔·德·卡瓦列里的一幅版画有助于我们了解圣彼得大教堂的穹顶之于罗马的象征意义，我们从中可以看到罗马从一座教皇缺席的城市向一座真正的教皇之城转变的缓慢过程，这个城市中的一切均臣服于罗马教廷。卡瓦列里描绘的是1575年大赦年庆祝期间的圣彼得大教堂，那时距离米开朗琪罗去世已经过去十多年，当时共有三十万人来到罗马参加庆典（图4.2）。只

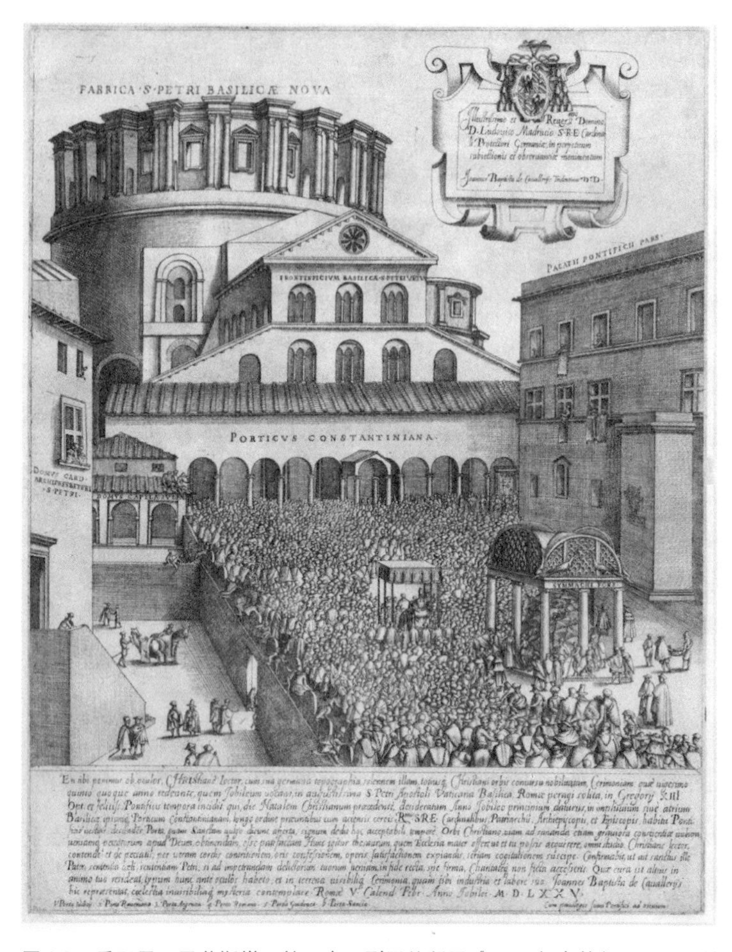


图4.2　乔瓦尼·巴蒂斯塔·德·卡瓦列里的版画《1575年大赦年圣母门开放仪式，朝圣人群站在圣彼得广场上，新的大教堂位于旧教堂后方》（1575年）。

有拥有超自然的预见能力，一个人才能在圣彼得大教堂引起尤里乌二世关注时，预见到1545—1563年将会进行特兰托大公会议[1]。不过到了1575年，特兰托大公会议已经结束十年有余，在教皇格列高利十三世的推动下，罗马各处都能感受到会议上确定的对抗新教改革的宗教政策的影响。大赦年就是其中一个事件。

接下来的几十年里，影响更恒久的巴洛克风格教堂与广场浪潮席卷而来，让罗马改头换貌。人们有可能因此忘记，15世纪和16世纪的理念、习俗和外部干预并非让城市一下子变为另外一种模样，这种改变是一个缓慢的过程。

卡瓦列里的描绘相当出色，让人们看到圣彼得大教堂重建工程如何将两座特点鲜明的建筑融为一体，这两座建筑分别代表了两个特点同样鲜明的时代。4世纪建造的教堂仍在君士坦丁统治时代铺就的地基之上（卡瓦列里在版画中标注为“*Porticus Constantiniana*”），一边是使徒宫，另一边是大主教大教堂（即圣彼得大教堂副主教的座堂），另有两层中世纪时修建的结构，扩充了最初大教堂的规模。可在其后方建起的新圣彼得大教堂的立柱圆鼓石，才会让人们的脑海

[1] 特兰托大公会议（The Council of Trent）：1545—1563年间天主教在意大利特兰托举行的宗教会议。会议历时十八年之久，时断时续。目的是反对宗教改革运动，维护天主教的地位。

中浮现出那个见证了几个世纪以来罗马重生历程的圣彼得大教堂的样子。最重要的是，当时穹顶尚未建好，而且在大赦年的十年之后西斯克特五世加冕时仍未完成修建。这是在提醒人们，尽管米开朗琪罗一人构思设计了这个最具代表性的天主教建筑（称之为罗马式建筑不再合适），但这项工程却是在几代人的共同努力下才完成的。从西斯克特五世在位时开始，又经历了四任教皇，即大约五十年后，圣彼得大教堂的穹顶才建造完成并安装了十字架。其中一些教皇的任期极短，随后又历时两任教皇任期，才拆除了旧教堂建筑，并在保罗五世担任教皇期间让新教堂大致完工，可在接下来两百年里，新教堂仍在不断经历改造。

从尤金四世和马丁五世尝试性的改建，到本章开始时提到的贝尼尼设计的大广场完工，这之间既不是一条天然的重生之路，也不是教廷在罗马土地上被世人接受而繁荣发展的结果。相反，这是罗马教廷与卡比托利欧山代表的罗马权贵家族之间持久且始终变动的协商交易的结果，是大部分为外国人的罗马教廷（他们自认为天生就是等级更高的罗马公民）与罗马人之间的妥协产物。这里说的罗马人，不是圣城里住着的那些佛罗伦萨人、威尼斯人或热那亚人，而是与这座城市拥有悠久历史渊源的罗马市民。

## 一次字面意义上的复兴

临终前，尼古拉五世对基督教建筑工程起到的作用进行了总结。尼古拉五世表示，公众，也就是罗马人，大多对赋予基督教会绝对权威的原因表现得愚昧无知，但他们有时也会听到博学多才的官员对此做出解释。“可他们需要被庞大的奇观打动。没有这些，他们那建立在不稳定，甚至脆弱的基础之上的虔诚，就会随着时间推移而消失。”他断言道，基督教建筑可以“强化一种大众信仰，这一信仰建立在有知识支撑的假设之上”，而这是“维持并鼓励虔诚信仰，用值得赞美的奉献使信仰永恒的唯一方法”。[14]特兰托大公会议推动开启了大量艺术工程，希望以这种方式重振教会的影响力，从而在世界的各个角落感化新信徒，将“堕落的灵魂”重新带回罗马，强化那些对教会保持忠诚的人们的信仰。这将展示与修辞艺术稳固地置于天主教文化的中心，鼓励信徒保持信仰，同时将不信仰天主教的人吸引到离最明亮的指路灯更近的地方。亚历山大六世为西班牙和葡萄牙划定了殖民扩张分界线，连同横穿亚洲的土地（包括已经占领的土地，以及渴望占领的土地），新成立的耶稣会[1]沿着殖民路线将教会发出的新信息传播到地球上最远的地方——传教士的足迹在17世纪和18世纪已抵达东亚、非洲、大洋洲和美洲。

传教活动让罗马成为新的全球地理的中心。罗马城中有两座重要的耶稣会教堂，其中位于维托里奥·埃马努埃莱二世大道东段上的耶稣堂（地图Ⅳ中的34，也在曾经的教皇大道的延长线上）更为重要，被视为耶稣会的主要教堂。可耶稣堂的姊妹教堂、以依纳爵·罗耀拉命名的圣依纳爵堂（地图Ⅳ中的18），却是对浮夸表达更加自由的展示，将天主教世界与天堂联系在一起，重新确定了罗马的全球中心地位。这座教堂建筑由如今几乎已被人遗忘的乔瓦尼·特里斯塔诺设计，距离万神殿不远，最初被用作罗马学院（地图Ⅳ中的19）的附属教堂，是16世纪奥尔西尼家族的马尔凯萨·维多利亚·德拉·托尔法赠送给耶稣会的礼物，以帮助耶稣会更好地完成使命。由于预算不多，耶稣会成员自己动手修建了大教堂，如今教堂的前厅里还展示着最初设计方案的模型。然而修建工程并未按计划进行，原本计划横跨中殿和耳堂的大穹顶一直没有修建。缺少资金反而促使出身特伦蒂诺的画

[1] 耶稣会：天主教主要修会之一。1534年西班牙人圣依纳爵·罗耀拉在巴黎创立，旨在反对欧洲的宗教改革运动。

家、建筑师及耶稣会神父安德里亚·波佐，交出了如今闻名于世、足以欺骗人们眼睛的杰作——他的湿壁画采用四面体透视法（*quadrattura*），让教堂内部产生了一种拥有穹顶的假象。波佐在图4.3中的大型屋顶壁画中也使用了同一种绘画技巧，这幅壁画描述了圣化的依纳爵被欧洲、亚洲、非洲和美洲人包围，仿佛寓言故事一样，屋顶的画面延伸至天堂，其中的圣徒仿佛天使一样。这幅壁画想表达的意思毫不含蓄，当然，创作这幅壁画的本意也同样不含蓄。

## 巴贝里尼及以后

与上面提到的那个著名的屋顶相对比，我们可以找出同一个时代的另一幅天顶画，让人意识到当年那个宗教王朝的决心，与圣依纳爵的传教热情不相上下。奎里纳尔山的北坡上坐落着巴贝里尼宫，这个建筑由马费奥·巴贝里尼出资建造，由卡洛·马代尔诺负责设计。马代尔诺在艺术及建筑史上的重要意义总是被人轻视，人们更多地关注他的两名助手吉安·洛伦佐·贝尼尼和弗朗切斯科·博罗米尼，以及两人在巴洛克风格领域长达几十年的竞争关系。马代尔诺在1629年去世后，巴贝里尼宫（地图Ⅳ中的7）的设计工作转交于

图4.3　圣依纳爵堂中由安德里亚·波佐绘制的天顶壁画《圣依纳爵的荣耀》（1691—1694年）。

贝尼尼，在这里，只要看看这个建筑的华丽正面分别由贝尼尼及博罗米尼设计的一对阶梯，就能一窥两人之间那精彩绝伦的故事。因为恰好就在附近，所以我们可以找到本书开始时提到的贝尼尼设计的奎里纳尔山圣安德烈教堂（地图Ⅳ中的22）和博罗米尼的四喷泉圣卡洛教堂（地图Ⅳ中的23），从这两座教堂同样可看出两人的较量。两座教堂尽管规模不大，但在艺术领域却极为重要。1623年，巴贝里尼当选教皇，成为乌尔班八世，从而获得了住在奎里纳尔宫（地图Ⅳ中的21）的权力，他借此获得了1583年格列高利七世建造的避暑行宫，将其改造为教皇国君主的活动中心，使其成为使徒宫的世俗补充。乌尔班八世的统治时间超过二十年，而他的统治正好处于一个关键时期，宗教建筑在这个阶段大幅增加。为满足传教需求，供教士团居住、供信徒使用的建筑越来越多，同时雄伟壮观的大型建筑陆续修建，以满足那些年前来罗马朝圣的人们的需求。

巴贝里尼家族的家徽是三只蜜蜂，它与圣彼得钥匙的符号一起，在罗马各处大量出现，这是在强烈地暗示人们，巴贝里尼家族在17世纪第二个二十五年间之于罗马城的重要意义。巴贝里尼宫大厅的天顶壁画（图4.4）由罗马的艺术学校圣路加学院的大师彼得罗·达·科尔托纳绘制而成，我们在本章前面提到的古罗马广场上的圣卢卡－玛蒂娜教堂就是科

图4.4 彼得罗·达·科尔托纳绘制，巴贝里尼宫天顶画《神意的胜利与巴贝里尼之权》(1633—1639年)。

尔托纳设计的。和贝尼尼及博罗米尼一样，科尔托纳通常也被视为罗马巴洛克风格的大师之一。与圣依纳爵堂的天顶壁画一样，巴贝里尼宫的壁画《神意的胜利》，也是巴贝里尼家族权力的一种象征。在这幅壁画中，天使般的人物与巴贝里尼家徽中的蜜蜂悬浮在一个可以通达天堂的空间中。王冠寓意乌尔班八世的成就，而画面中“神意”看似摇动的底部和代表“时间”的贪婪形象，让人们得以更全面地看待这一美好氛围。

罗马向来是一座属于权贵家族的城市，17世纪如雨后春笋般出现的新建筑、喷泉与机构，以及对旧建筑精巧的修复，对公共广场的调整，对街道的复兴，到处都能看到这些大家族留下的印记。尼古拉声称自己作为圣彼得的继承者统治罗马，后者的教皇之钥延续到了其他家族，不管他们属于古老的罗马家族，还是来自别处。基吉、巴贝里尼、博尔盖塞、潘菲利和法尔内塞家族轮流统治罗马，轮流修建各式各样的建筑。教皇亚历山大七世来自基吉家族（他的家徽是六座山峰和一颗星星），乌尔班八世来自巴贝里尼家族（家徽是蜜蜂），保罗五世来自博尔盖塞家族（家徽是一条龙），英诺森十世出自潘菲利家族（家徽是鸽子和橄榄枝），保罗三世来自法尔内塞家族（家徽是百合花饰）。他们的庄园让罗马城无人问津的边缘地区变得立体起来。罗马市政后来出资买下了博尔盖塞别墅和多里亚·潘菲利别墅等私人房产，将其改造为现代公园。我们可能就此认为罗马教廷不可避免地接纳了现代理性思维，而其实乌尔班八世可谓当时教廷面对现代理性时矛盾心理的典型代表。他作为城市建造者的知名度，远不及1633年他对伽利略·伽利莱的审判。乌尔班八世能够理解伽利略的想法，但不可能支持他的科学信仰。

巴贝里尼王朝设置的另一个舞台背景，却与天顶画的宏伟壮观及其暗示的恒久形成对比，同时让人进一步意识到野心的脆弱。即便只是短暂到访罗马，嘉布遣会圣母无玷始胎堂的（地图Ⅳ中的6）地下室也是值得前往的地点之一。这座教堂建在路德维希家族的土地上，修建时间为乌尔班八世统治时的1626—1631年之间，由安东尼奥·菲利斯·卡索尼设计，位于如今的维托里奥·威尼托街上。这座教堂中藏有圭多·雷尼、兰弗兰科和彼得罗·达·科尔托纳的画作，可它之所以在罗马教堂中占有独特地位，却是因为它的地下室。

巴贝里尼家族是一个有权势且裙带关系复杂的大家族，比如，乌尔班八世的弟弟安东尼奥·巴贝里尼是嘉布遣会首领，也是出自巴贝里尼家族的四位枢机主教之一。那时，相对不那么招摇的嘉布遣会，只是巴贝里尼家族一系列密切相关的成就之一。奎里纳尔宫和巴贝里尼宫也许是权势的证明，可圣母无玷始胎堂的地下室让人想起的却是脆弱。不可否认，在嘉布遣会教堂地下室修建遗骨存放处显然耗费巨大。其中18世纪修建的部分存放了三千多具嘉布遣会成员的遗骨（从奎里纳尔山卢凯西路上的一座修道院中挖出并转移至此）。其中一些遗骨呈现出冥想或静静守护的姿态，全都配有洛可可风格的装饰，从而展现出人类身躯的模样。五个耳堂里摆放着来自耶路撒冷的泥土，第一个耳堂前有一个死亡标志，提醒人们死亡这一巨大的平等无处不在且不可避免。天花板上垂下了一具完整的、扮成死神模样的尸骨，手里拿着沙漏与长柄大镰刀，这具尸骨实际也出自巴贝里尼家族，是18世纪时家族一位年轻女性的遗骨。某种程度上说，这是一座王朝权力巅峰时期的纪念碑，但更重要的是在致敬虔诚这一重要品质。

## 建造中的纪念碑

到18世纪及壮游时代，罗马已经从一种奇观转变为另一种奇观，从展演基督教荣耀的舞台（即反宗教改革的中心），转变为一座渐成废墟的城市。而这正是吸引了诗人、画家和有钱人的“浪漫罗马”。那时罗马最为人熟知的风景，出于乔瓦尼·巴蒂斯塔·皮拉内西之手，这位出身威尼斯的建筑家最重要的财富，来自他的风景画才华。几乎每家图书馆都会收藏几幅皮拉内西的蚀刻或手绘画，他的画作广为流传，他对自身所处时代里历史古迹的刻画风格，几乎一眼就能被认出。制作蚀刻版画用于印刷的技术早就存在，可皮拉内西版画的大小及透视图技术，却无人能比。皮拉内西之前最知名的版画家是朱塞佩·瓦西，他创作了大量作品，却不公平地被人忽视了。尽管瓦西画出了他看到的景象，但皮拉内西绘制的罗马风景（以及所做的研究，通常是对废墟的技术性研究），却怪异地将考古学家偏爱的精确性与艺术家的想象力结合在了一起。他用画笔永远记录下了诸如万神殿（见本书“引言”中图0.3）、斗兽场和古罗马广场这些正在变为废墟的地点。在现代人眼中，他的画可能给人以想象力过剩的感觉——托马斯·德·昆西甚至在1821年指责他吸食鸦片[15]——可在18世纪，有钱有权的年轻人为接受古典文化教育而成群结队地来到罗马实地探索，而罗马也确实眼睁睁地看着自身古老的遗迹慢慢变为废墟。在几百年时间里，公众对此不以为然。人们会搬走废弃建筑物的原材料，也不会仅出于保存目的而维护无人使用的神庙。在皮拉内西的光影中，我们看到了一种追逐罗马永恒荣耀的渴求，可他们意识到过往的荣耀只有些许残留到当下。在每一幅图像最前面不断上升的混乱中，人们可以感受到时间流逝这一无法逆转的自然现象。

皮拉内西的作品数量极多。他的作品数量也理应很多，因为他不仅非常热衷记录自己移居的罗马城的一切——在这里法兰西学院的考古学家们四处挖掘——而且在用画笔为这座城市及其辉煌的历史战斗。对皮拉内西而言，他所在的当下，罗马的历史是可以被感知到的。18世纪40年代中期，皮拉内西移居罗马早期，他曾经参与过由詹巴蒂斯塔·诺利主导的制定罗马新规划图，即《罗马大地图》这项庞大工程。这份地图可以让人们快速了解城市的街道与建筑，且无须考虑建筑物的建造时间和建筑风格，它也记录了各个建筑在市区范围内起到的作用。这是一份罗马的记录，既是公开文件，也属于私人记录。可除此之外，这份地图还让人感受到了罗马作为一座城市的密集程度，以及作为现代城市的罗马。（记录古代或中世纪罗马形态的地图总是覆盖诺利地图上那些不属于罗马的历史部分，这自然不是巧合。）重要的是，这份地图不是人工痕迹竞相表演的舞台。相反，人工痕迹深深地嵌入了一座充满不一致、不和谐的城市——中世纪与现代，古代与中世纪，都交织在一起。

皮拉内西用他的绘画作品，让人们看到了一幅又一幅罗马沉浸于历史之中的景象。他画出了自己眼中的万神殿、戴克里先浴场和尼禄金宫（图4.5），他的画作与其他人看到的景象不尽相同。现实中不存在客观的记录。这些画作会让人

图4.5　乔瓦尼·巴蒂斯塔·皮拉内西，“尼禄金宫宴会大厅遗址”，《罗马风景》（1778年）。

们相信，罗马是由光荣的历史传承下来的一股神圣且永恒的力量，让天主教会得以从城市的古老历史中获得越来越多的权威。

对皮拉内西来说，绘画并非终点。归根结底，他是建筑师，他也在四处寻找参与建筑工程的机会。皮拉内西好几次错过了成为圣彼得大教堂建筑师的机会，而这本可以成为他职业生涯内的代表作。而他留下的一个主要建筑遗产，是一座由10世纪的本笃会修道院改建的修道院教堂。当时的教皇是同为威尼斯人、出身雷佐尼科家族的教皇克雷芒十三世，他的侄子詹巴蒂斯塔·雷佐尼科是枢机主教、马耳他骑士团的大团长。皮拉内西负责改建的修道院圣母堂（地图Ⅳ中的39）位于阿文丁山顶，临近圣撒比纳教堂。这座建筑是一个很有趣的建筑案例，其中既能看到学院派古典主义的简洁风格，也有丰富的符号元素，颂扬了时代潮流的同时，直接唤醒了人们心中的古典主义情感。旁边别墅中的花园曾经短暂地出现在电影《绝美之城》中，在电影中的角色甘巴尔代拉尚未将电影中著名的钥匙孔派上用场，即将开启一个欣赏现代罗马的珍宝之夜时，圣彼得大教堂的穹顶出现在镜头中。我们并不意外，这些珍宝也是罗马作为帝国中心经过几个世纪重建后留下的遗产。圣彼得大教堂是一座正在修建的纪念碑，由皮拉内西和建筑资助人的雄心壮志构建而成。就像圣彼得大教堂这几个世纪的发展一样，罗马这座城市也在经历变化。

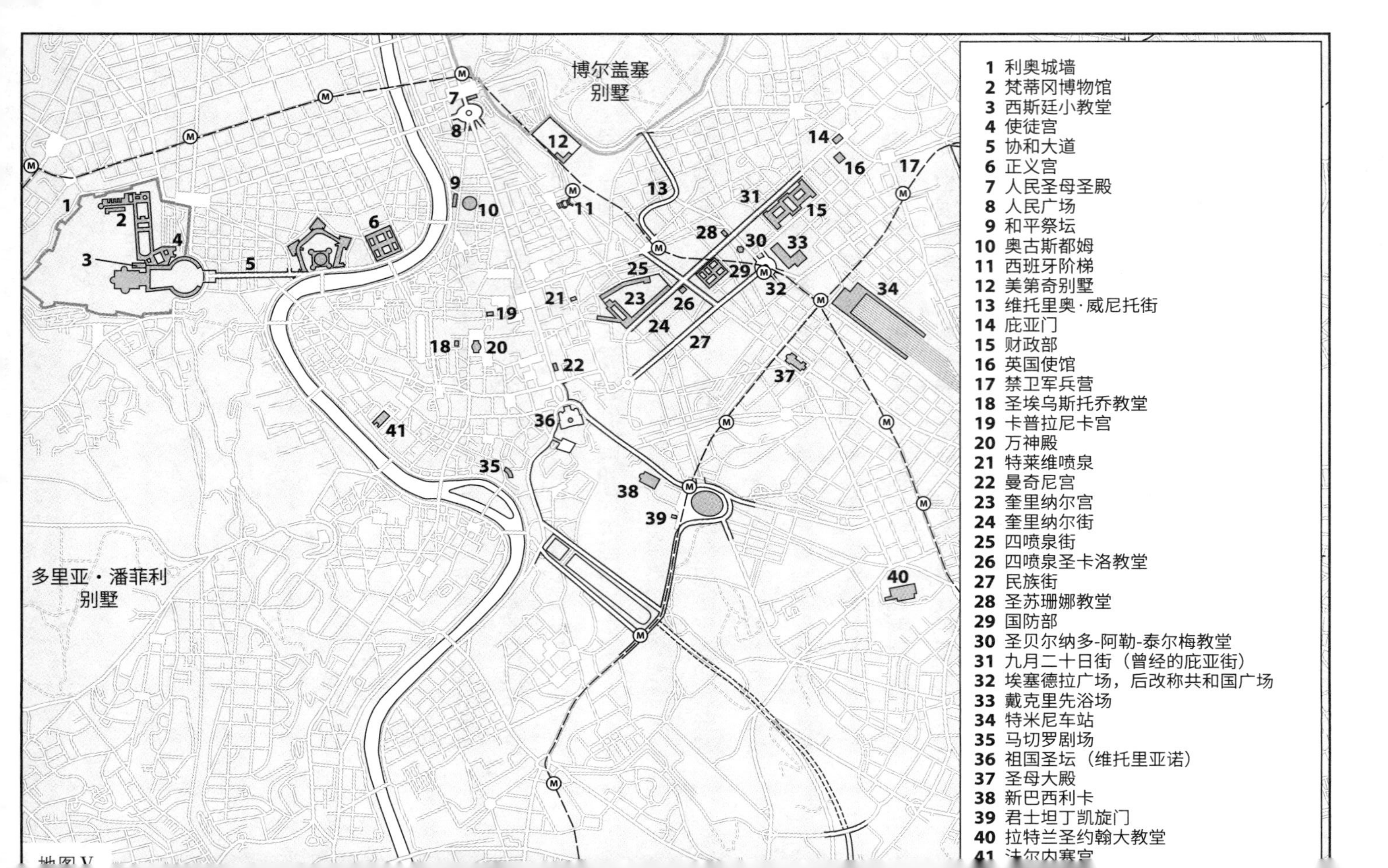
博尔盖塞
别墅
多里亚·潘菲利
别墅
1 利奥城墙
2 梵蒂冈博物馆
3 西斯廷小教堂
4 使徒宫
5 协和大道
6 正义宫
7 人民圣母圣殿
8 人民广场
9 和平祭坛
10 奥古斯都姆
11 西班牙阶梯
12 美第奇别墅
13 维托里奥·威尼托街
14 庇亚门
15 财政部
16 英国使馆
17 禁卫军兵营
18 圣埃乌斯托乔教堂
19 卡普拉尼卡宫
20 万神殿
21 特莱维喷泉
22 曼奇尼宫
23 奎里纳尔宫
24 奎里纳尔街
25 四喷泉街
26 四喷泉圣卡洛教堂
27 民族街
28 圣苏珊娜教堂
29 国防部
30 圣贝尔纳多-阿勒-泰尔梅教堂
31 九月二十日街（曾经的庇亚街）
32 埃塞德拉广场，后改称共和国广场
33 戴克里先浴场
34 特米尼车站
35 马切罗剧场
36 祖国圣坛（维托里亚诺）
37 圣母大殿
38 新巴西利卡
39 君士坦丁凯旋门
40 拉特兰圣约翰大教堂

# 第五章

# 意大利首都

庇亚门后 / 欧洲力量的象征 /
设计一个现代共和国 / 罗马，意大利首都 /
罗马问题 / 古罗马精神 / 不设防的城市 /
从墨索里尼竞技场到第十七届奥运会 /
为罗马人提供住房 / 大工程

## 庇亚门后

四喷泉街（地图Ⅴ中的25）与奎里纳尔街的交汇处位于奎里纳尔山脚的最高处，我们从街名可以看出，这里有四座建于16世纪的喷泉。在这个川流不息的十字路口，若是忍不住诱惑想要一睹台伯河、阿涅内河（也称特维罗内河）、天后朱诺和女神狄安娜雕像的真颜，你得注意安全了。这四座喷泉雕像，前三座由多梅尼科·丰塔纳设计，最后一个则是彼得罗·达·科尔托纳的作品。台伯河雕像嵌入17世纪的建筑师弗朗切斯科·博罗米尼设计的四喷泉圣卡洛教堂（地图Ⅴ中的26）的凹凸形正立面，弗朗切斯科·博罗米尼去世后，这个正立面由他的侄子完成修建。这座教堂也非常值得一去。如果没有合适的镜头，或者没有找准面对十字路口的建筑的角度，那么印在明信片上的风景便难以复制，这条街也显得名不副实。因此，穿梭于这里的繁忙车流反而成为一种合适的提醒，让我们知道那些称罗马为家园的普通人，也会在这个属于罗马宏大历史叙事一部分的十字路口来来往往。从如今用作总统府的奎里纳尔宫（地图V中的23）沿着向东北方向延伸的街道行走，经过巨大的新古典主义风格的国防部（地图V中的29），再走一个街区能够看到财政部（地图V中的15），这两个建筑物之间的左手边是17世纪之交由卡洛·马代尔诺设计的圣苏珊娜教堂（地图V中的28，有时在这里还能买到二手英文书），右手边则是一座小小的圆形教堂，名叫圣贝尔纳多–阿勒–泰尔梅教堂（地图V中的30，因临近戴克里先浴场得名）。继续沿着街道行走，城市落于身后，战后由巴兹尔·斯彭斯爵士设计的英国使馆（地图V中的16）就在这条路的右侧，继续前行就到了奥勒良城墙和庇亚门（地图V中的14及图5.1）。庇亚门由米开朗琪罗在1527年罗马之劫后设计重建，又在1869年的整修工程中得到扩建。来到庇亚门，就来到了1870年罗马将自身命运交付新生的意大利王国的地点。

进入现代时期，罗马是两个世界的中心：一个世界是欧洲天主教会，乘着西班牙和葡萄牙开拓殖民地的东风，聚敛了大量财富，延伸到了地球上最遥远的角落；另一个世界是教皇国，从拉齐奥区向北、向南延伸，在18世纪末以西西里王国及摩德纳公国、托斯卡纳大公国、法国占领的伦巴第以及最北部的威尼斯共和国为界，教皇是一国之君。进入19世

图5.1　1870年9月，奥勒良城墙被攻破后的庇亚门（图片里右侧能看出城墙的破损）。

纪时，罗马成为古典主义的化身，为旅行和旅居的人们提供了连接古代世界的场景，他们得以从世俗的角度去欣赏古代与近代早期的世界。19世纪和20世纪，很多因此被吸引到罗马，想了解罗马悠久历史的人们，最终都安息在了我们在第二章末提到的新教徒墓园。

以米开朗琪罗设计的仪式性城门为终点的街道，显然曾被命名为庇亚街（地图Ⅴ中的31）。现在的这一街名（九月二十日街）源于1870年9月20日的一场冲突，教皇的军队在那一天与统一的意大利军队交火，不过他们全无斗志。1860年，加里波第从西西里岛出发向北进军，遇到来自皮德蒙特的萨瓦军队，此时教皇国的安全已经受到彻底威胁，庇护九世统治的领土面积大大减少。罗马本身还很完整，但只是一座地缘政治的孤岛罢了。早在教皇国陷落十年前，1861年3月，意大利王国宣布成立，并将罗马确定为王国首都，清晰无疑地表露出将教廷与罗马纳入意大利统治之下的野心，这也是在重申罗马城似乎必然拥有的统治的权利。19世纪欧洲的权力版图可谓瞬息万变，尽管这个世纪最初几十年里法国一直与教皇国敌对，不过在1860年，面对统一的意大利，拿破仑三世却派兵保卫罗马的独立。1870年7月，拿破仑三世对普鲁士宣战，调走了保卫罗马的军队，但没有设置足够的外交保护，罗马因此孤立无援，被暴露在历史的铁蹄之下。

意大利国王维托里奥·埃马努埃莱二世向庇护九世提出条件，希望自己的军队能和平进入罗马，让意大利和教廷达成协议。这原本能让罗马保持天主教世界永恒中心的地位，认可教皇作为教会首领在精神世界的权威，但剥夺他作为国家首脑的世俗权力，让他变为意大利的臣民。这些条件遭到拒绝后，罗马曾短暂地被意大利军队包围，争端最后以一场小型冲突而非大战结束，意大利军队从庇亚门一侧突破了古老的奥勒良城墙。教皇撤退到梵蒂冈的使徒宫（地图V中的4），躲在利奥城墙内。仅仅过去几周，教皇不再具有影响力，罗马市民投票决定加入意大利。这一举动事实上瓦解了教皇国，导致梵蒂冈被过去属于它的城市包围，变成了一块非官方的飞地。奎里纳尔山上的教皇宫成为意大利国王的官邸，几十年后，又成了共和国的总统府。教皇降为“梵蒂冈囚徒”并非作战方案的一部分，而只是庇护九世拒绝屈服的结果罢了。那些追随圣彼得宝座的人也是这种立场，由此引来了棘手的“罗马问题”：作为全球天主教的中心，教廷在欧洲、亚洲和美洲拥有重要的盟友，如何让意大利在满足教廷需求的同时，能将罗马作为现代国家的首都并行使主权？解决这个问题耗时半个多世纪，直到1929年的《拉特兰条约》才赋予梵蒂冈城主权，使之成为有别于教廷的国家。

## 欧洲力量的象征

在19世纪王国和共和国取代帝国的浪潮中，罗马仍处于一个棘手的难题中心——其领土主权暂时由教皇国及天主教强国结成的联盟保障，而其精神主权归于罗马教皇。

罗马自共和国转变成帝国的历史轨迹，以及罗马对于天主教世界看似毋庸置疑的中心地位，让19世纪初的法国从中学到了经验教训。当时，法国成为欧洲最强大的国家之一，在拿破仑的野心以及法国对意大利统一运动有条件的热情面前，罗马总体上表现得软弱无力。爱德华·吉本在他的《罗马帝国衰亡史》一书中提出，在基督教崛起，以及面对来自域外越来越多的挑战时，罗马帝国并没有表现出足够的紧张状态，没有做好准备。近代初期，罗马面对的是不同种类的布道者和野蛮人。一边是支持意大利统一的人，他们梦想着一个不被教廷控制的罗马；另一边则是法兰西共和国的军队，他们渴望征服这个古老的帝国首都所能获得的权威。面对两种野心，罗马的城市肌理与罗马理念之间的争斗，仍在进行。

拿破仑·波拿巴出生在距离罗马三百多公里的科西嘉省阿雅克肖市，1789年爆发法国大革命后，他逐渐晋升为法国军队司令，带领法国军队在1796—1797年入侵意大利，以期削弱奥地利哈布斯堡帝国的实力，击溃神圣罗马帝国的最后残余[1]。这引发了阿尔卑斯山南部的法国地区长达十年的武装冲突，将意大利的众多王国、共和国与公国置于法国、哈布斯堡帝国及其不同盟友之间的领域纠纷之中。拿破仑在1798年入侵了教皇国，他的元帅路易-亚历山大·贝尔蒂埃在那

[1] 当时的意大利半岛，北部是名义上属于神圣罗马帝国的各个小邦，中部是教皇国，南部是波旁家族治下的两西西里王国，东北部还有独立的威尼斯共和国。

一年攻占罗马，建立了一个短命的罗马共和国，迫使庇护六世开始流亡，且再也未能回到罗马。经过六个月的政权空白期（威尼斯还进行了一次教皇选举会议），庇护七世被确定为继任者，他重整了教皇国，恢复了圣座的权威（他在1804年前往巴黎，参加了拿破仑的加冕仪式，这并非巧合）。可在拿破仑战争期间——不管人们能否按顺序记录清楚这段时期发生的所有事件——教皇国及其中心罗马仍被法国觊觎，就连庇护七世都从1809年开始流亡了六年，原因是法国吞并了他的领土。

罗马的法兰西学院就是法国对这座古老城市充满兴趣的最好例证。1803年，这个学院搬迁到16世纪建成的美第奇别墅（地图V中的12）中，就在如今博尔盖塞别墅公共花园的旁边，距离西班牙阶梯（地图V中的11）只有一小段距离。作为散布在罗马城内的众多外国学院之一，法兰西学院最初位于卡普拉尼卡宫（地图V中的19），与万神殿只有一条短街之隔，自1737年起搬迁至科尔索大道上的曼奇尼宫（地图V中的22），法国大革命后，这里被改为法国驻教廷的大使馆。将法兰西学院迁至这一开阔地，意味着发出了一系列明确的信号：强大的美第奇家族的罗马总部（从历史角度来说），使得拿破仑与另一个从外部（托斯卡纳）进入罗马的大家族结盟，一同对城市的艺术、文化与制度施加影响力。

罗马城中另一个法国机构驻地是16世纪的重要建筑法尔内塞宫（地图V中的41），里面有米开朗琪罗设计的漂亮飞檐，不过1936年这座建筑被意大利馈赠给法国后，[1]才成为法国驻意大利使馆所在地。

## 设计一个现代共和国

19世纪初期和中期，罗马的众多重要大型建筑改作新用，除此之外，同一时期进行的一些公共工程也让源自法国城市规划经验中的公民价值在罗马逐渐成形。我们不能光从朱塞佩·瓦拉迪耶的姓氏就以为他是法国人（不过他的家族确实来自普罗旺斯地区），在赋予罗马公共生活不同阶段的范围与特点上，他的影响比大多数人都要深远。瓦拉迪耶重新设计了特莱维喷泉（地图V中的21）附近的广场，还负责整修了奥勒良城墙沿线从拉特兰圣约翰大教堂（地图V中的40）到耶路撒冷圣十字圣殿之间的开阔地带。不过他最重要的工作，却是参与设计人民广场。

[1] 意大利政府在1936年从法国手中购回了法尔内塞宫。不过在同一年，两国签订互惠协议，在对方国家确定了大使馆所在地，法尔内塞宫是法国驻意大利的大使馆，使用期为九十九年。

瓦拉迪耶对罗马的北入口做出了一系列改造，反映了那个年代众多公共工程与法国城市规划相关的时代风格。想想18世纪90年代皮埃尔·查尔斯·朗方设计的华盛顿国家广场，或者几十年后奥斯曼男爵奉拿破仑三世之命重建罗马时扮演的角色。这次人民广场的改建始于1772年圣路加学院举办的一次学生竞赛，由于城北的入口一直未能承担起“以盛大方式迎接来到罗马的人们”这一角色，竞赛试图改造这个设计存在问题的广场，但这次竞赛并未达成任何结果。但这并不是说人民广场最初缺乏设计规划。亚历山大七世在修建巴洛克风格的人民圣母圣殿（地图Ⅴ中的7）时曾对这个广场投入了不少精力，这座教堂与他的家族关联颇深。可随着时间推移，人们对城市规划的态度也在发生变化，巴洛克风格开始让位于线条简洁、形状规整的法国风格。

瓦拉迪耶接过了势头停滞的学生设计竞赛的接力棒，他在1794年提议，要在城门处修建营房。这项工程从法占时期延续到庇护六世流亡时期，瓦拉迪耶在这期间修改了设计方案，他参考了贝尼尼为圣彼得大教堂设计的广场形状，同时向东引入了苹丘上一段陡峭斜坡上的人行步道景观。瓦拉迪耶没有将人民圣母圣殿继续用作整个广场的象征性焦点，他的改造方案（包括修建营房）让街道本身拥有了纪念碑式的特点，并且通过清晰的几何形状与对称性，以及可以从远处看到战神广场的关键部位强化了这一特点。当庇护七世在1814年回到罗马，重新坐上被他的前任教皇放弃了十五年的圣彼得宝座时（拿破仑在同一年退位），他经过了瓦拉迪耶的建筑工地。时至今日，这仍然是罗马背景下致敬法国风格的纪念碑，对罗马而言，这是外国利益叠加在自身古老建筑之上的又一个案例。

## 罗马，意大利首都

1870年意大利从佛罗伦萨迁都罗马，为这座城市的构成与需求带来了重大改变。罗马帝国时期，这座城市可能容纳过一百万人（或者是五十万人，因为不同的估算结果差别很大），可在15世纪40年代尼古拉五世成为教皇时，这座城市的人口仅有五万左右。尽管罗马在近代早期具有重要意义，且意大利统一运动的势头已经越过奥勒良城墙，直插教皇国的心脏，但起码与罗马帝国时期的人口密度相比，罗马城在这个阶段的人口仍显得非常稀少。那时，教皇的臣民只有大约二十万人，相当于同时期巴黎人口的十分之一。不过在意大利统一后的一百年里，罗马的人口增长了不止四倍，既反映出意大利王国的政府公职人员大量流入，也反映出随着城市化程度提高，意大利的总人口在20世纪最初几十年的增长情况。由于工业化和经济危机引发的冲突，大批渔民和农民涌进罗马和那不勒斯以及意大利北部工业城市。正因为如此，奥勒良城墙有史以来第一次容纳不下罗马人，和无数欧洲城市一样，意大利首都的城墙让位于郊区扩张。城市的特质发生了根本性变化，但这同样也是符合发展规律的结果。如今，罗马是一个现代国家的中心，不再是一个基督教王国的中心。

罗马的这一扩张，延续了几十年。随着1871年城市自治制度以国家法律的形式得以确定，罗马的城市治理与法律地位在字面上出现了一系列重大改变。可就像城市历史学家斯皮罗·科斯托夫观察到的那样，这些不过是对早已固定下来的等级制度的重新调整，而这意味着“将罗马从教皇统治下解放出来”不过是假象而已：

> 国家政府确保了一个以人民为代价的特权阶级继续存在。自由市场有助于扩大统治阶层的范围，可对社会基础来说，并没有真正区别。教会用资本主义代替封建主义，维持着自身的控制力。至于复兴荣光，也根本不在乎普通人的利益。为了统治阶级的利益与便利，历史可以立刻被牺牲。古罗马贵族的别墅消失在水泥网格下，

> 与此一同消失的是普通人可以享受的绿地。当统治阶级追求高雅，要求为古代遗迹留出空间时，当宽阔的道路穿过古老的建筑时，普通人及其不健康的住房便成了碍眼的存在。[1]

“第三罗马”[1]这个概念就出自这一时期：这个概念中包含了一种欲望，希望新的意大利能够延续古罗马皇帝和教皇的路线，就像19世纪的共和主义者朱塞佩·马志尼在1849年说的那样——让罗马变成一座人民之城。人们分别在1873年、1883年和1909年起草了三份城市发展方案，系统化地确定了罗马的扩张与分区，鼓励其像一座现代城市一样发展。尽管人们不断描述罗马在传统边界内外将会如何发展，可城市中数不清的有纪念意义的建筑、具有历史或考古价值的地点，却要求人们在一座快速发展的现代城市的即刻和未来的需求，与保存历史遗迹和文物的紧迫性之间反复协调。罗马很多重要街道的出现都可以追溯到这些城市规划，城市中的很多纪念碑和考古地点也是如此。我们在第二章里提到的银塔广场，就能明确地让人想起那个时代进行公共工程时挖掘

[1] 出自意大利民族主义者朱塞佩·马志尼，他认为，“历经诸皇帝的罗马，历经诸教宗的罗马，人民的罗马将要到来”，鼓吹意大利统一后定都罗马。

出的古代城市的考古分层，而大片工人住房或普通历史建筑的消失却是一种有意的缺省，几乎不会出现在如今我们的城市体验中。

科斯托夫又一次完美地总结了现代罗马历史观存在的问题。“我们回忆得不够”，他在1973年写道：

> 我们看到的罗马建筑历史，以及对罗马建筑历史的研究，是由“第三罗马”的策划者、统治者，选择、清理并呈现给我们的。哪些历史建筑值得保存，哪些为了发展可以被抛弃，哪些被发掘的古物值得为展览而保留，哪些又会被迅速填埋在街道或新建筑之下，都是由他们决定的。[2]

新的罗马市议会采取的第一个行动，就是将“民族街”（地图V中的27）这个恰当的名字刻在了时间跨度为几个世纪的建筑物和街道上，把戴克里先浴场以及前方的埃塞德拉广场（19世纪80年代改名为共和国广场，地图V中的32）与卡比托利欧山连接起来。这个举动类似于尤里乌二世当初的做法。他们为一座现代城市设置了一条现代街道。

1873年的规划方案确定了大片住宅区，奠定了如今圣天使城堡和梵蒂冈以北，以及阿文丁山、陶片山以南，沿着古

图5.2 《1883年罗马总规划图》。

代的禁卫军兵营（地图Ⅴ中的17，在卡斯特罗·比勒陀里奥地区及国家图书馆附近）周边以及特米尼车站（地图Ⅴ中的34）周围划定的现代城市街区。规划图确定上述区域需要拆除某些建筑，才能为修建新的主干道和交通路线腾出空间，尽管当时罗马还没有汽车，但这份规划为接下来几十年司机的行驶体验奠定了基础。

一段高速发展期意味着规划方案刚满十年就得修改，新方案强化了之前的设计，只是继续向人民广场北部延伸，进入新的弗拉米尼奥区，到达如今1960年奥运村及国立二十一世纪艺术博物馆所在区域。这份方案进一步规划整理了被标记为城市扩张区域的土地，使其相对变得更规整，为拖着行李走出特米尼车站向各个方向出发的人们带来了富有节奏感的体验。回想一下尤里乌二世在朱利亚街上如何设置他的宗教法庭，1883年规划方案（图5.2）在圣天使城堡旁边为规模极其庞大的正义宫（地图Ⅴ中的6）留出了建筑空间——正义宫还有一个绰号名“坏宫”（*Il plal zzaccio*），用来形容它又大又粗笨的外观。

到1909年时，马志尼广场一带已经让朱塞佩·马志尼当年的梦想变为现实，借由现代城市电网和辐射式规划方案，罗马城冲破旧城的城界，延伸至博尔盖塞别墅和北部的阿达别墅之间的开阔地、博洛尼亚广场周边、圣洛伦佐一带，以及两个火车站之间的区域。奥勒良城墙塑造了1873—1883年罗马的形态，可到了20世纪时，罗马却呈现出完全溢出的状态。彼此连接的大道让罗马的西部边界突破了多里亚·潘菲利别墅，东部边界则超越了圣洛伦佐街区，且东西两侧都把私人及未开发的土地规划为广阔的城市公园。虽然这项工程用了三十年，直到汽车出现后才完成，但罗马的历史中心城区很快就被周边包围起来。

这个过程中的大赢家是来自都灵的房地产开发公司“不动产民事总公司”（Società Generale Immobiliare，简称为SGI），这家公司在罗马的历史城界内收购未开发和不受保护的土地，也收购了周围大片的农村土地。随着罗马城市的规模在20世纪不断扩大，特别是“二战”结束后，SGI因为见利忘义地大肆收购以及建造低质量的住宅工程而臭名昭著。反对SGI的人给这家公司起了一个颇为生动的外号——罗马之劫。[3]他们既为有钱人，也为穷人修建住宅，从1885年开始便将路德维希别墅的土地改建为维托里奥·威尼托街周围的高档社区。SGI与罗马建筑师路易吉·莫雷蒂设计的华盛顿水门酒店存在利益关联，也参与了马里奥山顶极具争议性的卡瓦列里酒店的开发。当SGI四处拆除房屋，在很多人眼中给罗马造成了最严重损害时，梵蒂冈依旧持有SGI的大量股份。这个事实足以说明基督教会面对罗马时，秉持的是一套与过去截然不同的、以资本为动力的价值观。

## 罗马问题

梵蒂冈博物馆收藏的艺术珍品数量位于世界前列，每年吸引数百万游客走进大门，欣赏西斯廷小教堂（地图V中的3）里的米开朗琪罗湿壁画，以及拉斐尔和他的助手为尤里乌二世的住所创作的壁画。想在参观博物馆的人群中占到前排的好位置，你得早早出发，还得提前做好计划、配上合适的节奏速度，你才有机会在这些房间里好好感受，至少能不被人群打扰地享受几分钟，因为这些房间早晚会被游客挤满。可若真想欣赏，你需要花一些时间站在如今已不再耀眼的利奥城墙边。越过城墙上的石灰华，我们可以看到使徒宫、圣彼得大教堂和梵蒂冈的花园，那里曾经有鹿徜徉其中。在五十多年的时间里，从罗马融入统一的意大利到1929年，梵蒂冈博物馆是一个显眼的符号，象征着罗马教廷与罗马的格格不入。

那一年在拉特兰宫签订的《拉特兰条约》有三条协议，确定了意大利王国与罗马教廷达成和解，赋予梵蒂冈城主权，使其成为被一座城市包围的国家。条约确定了新梵蒂冈城的范围，还给予教廷一定程度的赔偿，以弥补教皇国被纳入意大利时承受的损失。一些重点教堂和宫殿被确定为属于罗马教廷的财产，其中包括拉特兰圣约翰大教堂（地图Ⅴ中的40）、圣母大殿（地图Ⅴ中的37）和城外圣保罗大教堂，这些教堂和宫殿无须交税，就像外国大使馆一样不受意大利主权管辖。意大利与罗马教廷签订的这份条约，在解决了“罗马问题”的同时，还确保了日后教会对意大利总理贝尼托·墨索里尼领导的法西斯政府的正式支持。重要的是，条约开辟了一条道路，让作为意大利王国首都的罗马，得以明确地将圣彼得大教堂用作自己的象征及精神中心。

当建筑师吉安·洛伦佐·贝尼尼奉亚历山大七世之命构思圣彼得大教堂前方的椭圆形广场时，他的设计成了一种对比研究。当时人们走出博尔戈地区拥挤狭窄的街道，就来到了一片明亮宽阔，可以完美衬托米开朗琪罗设计的穹顶的空地，那时距穹顶落成还不到一百年。尽管广场在1667年已经建成，可如何接近、进入这片宽阔的公共空地的难题始终悬而未决，直到罗马问题解决后，这个难题才迎刃而解。诺利的18世纪《罗马大地图》上沿着新博尔戈街和老博尔戈街成行修建的建筑群仍在原地，在1909年的规划方案中保持原状。但到了20世纪30年代，城市有了更大的进取心，加上马尔切洛·皮亚琴蒂尼的建议——皮亚琴蒂尼之于墨索里尼，就像阿尔贝托·施佩尔之于希特勒——才修建出了一条具有重大意义的大道，从哈德良陵墓通向圣彼得广场大门，实现了贝尼尼对通向圣彼得大教堂的伟大设想。如果不了解历史，人们很容易就把协和大道（地图V中的5）看作罗马最天然的纪念碑，看作巴洛克风格的重大胜利。从很多角度来看，事实确实如此。然而，和罗马的很多历史建筑一样，这里近来也被人为干预过。这也是城市中更古老的建筑遭到抹除的重要案例，正是这些建筑长久以来让人们认为，罗马辉煌的古典历史与所谓的"重生"保持着一定距离——在这些"重生"中出现的古迹，都是从教会或法西斯理论家设计的模子中诞生的。随着基督教世界崛起，圣地越来越重要，一座座建筑拔地而起，原本建筑密度很高且风格不协调的博尔戈区于15、16和17世纪在连续多任教皇的规划下已经变得井井有条。不过，皮亚琴蒂尼纪念景观的出现，直接将古代与现代两个世界连在一起，为罗马作为现代纪元的中心赋予双重权威，地面上一切都被抹除了。无论如何，对博尔戈地区旧建筑的大规模清理不能只归咎于法西斯时代。这项工程计划的20世纪的部分在30年代中期动工，因第二次世界大战而中断，但木已成舟，伤害已经造成。整个项目最晚于20世纪50年代完成，还被当作战后意大利重建、恢复名誉的重要成就，这些工程将法西斯主义的集权理念延续了下去，融入意大利共和国对外传递的信息与理想之中。又一次，一切在撕裂中得以延续。

## 古罗马精神

将古罗马提炼为一系列典型的寓意与范例，这种做法在很多个世纪里一直为统治罗马城的人所用。奥古斯都用这种方式打造出罗马的形象，伟人格列高利、英诺森三世、尤里乌二世和拿破仑皆如此。当墨索里尼在20世纪20年代和30年代将罗马置于“鹰与束棒斧”标志之下时，他想用一种共通的强势语言、视觉风格及文化遗产，去统一一个全新的国家。罗马中心城区那些经过谨慎设计构思的纪念碑与建筑物，作为一个更宽泛的文化工程的组成部分，从而让人们回想起这座城市天然易被帝国统治的历史特质，以及深深烙印于城市基本结构中的伟大与辉煌。这幅罗马形象的核心是帝国的罗马——罗马人的先辈依靠自身的努力，从这座城市出发，将小小的意大利帝国不断扩张，像一个后发制人的玩家一样杀进争夺非洲土地的游戏中，其道德权威的来源正是罗马城本身，它的悠久、宏伟和永恒在那些古老遗迹的孤立中被放大，仿佛古老遗址中的灯塔，将复杂历史肌理中的古老层级留存到了20世纪。简而言之，我们今天所能欣赏到的古代遗址中，在拆除工程使用的破坏球甩起前，几乎没有哪个曾经享受过如今像现代城市中的古迹孤岛般的隔绝状态。

人们赋予那些遗迹以“古罗马精神”，从而在它们与围绕它们的日常生活之间强行做出语义上的区分。这样的语言中带有历史必然性的威严。比如马切罗剧场（地图V中的35），就因为一个世纪又一个世纪在原址上不断修建商店和公寓而变得鲜为人知。在1926—1932年进行的清理住户、考古发掘和重修工程后，这里的杂乱样貌被一扫而空，变身为罗马城中能让人回想起帝国时代的景观之一。20世纪30年代，在奥古斯都诞辰两千年纪念仪式前，由建筑师维托里奥·巴里奥·莫尔普戈主导的奥古斯都姆（地图V中的10）“修复”工程，则是这种历史性清理工程的又一个案例。城市历史中最伟大的时刻，却脱离城市本身；这是一种宿命。

而这所有的野心中，最让人不安的工程仍然是充满争议的帝国广场大道，这条路修建于1922年独裁者墨索里尼进军罗马后的一年，并在1932年完工通车。这条路野蛮地穿过了所谓的帝国广场，这些广场在尤利乌斯·恺撒及其继任者，包括奥古斯都、苇斯巴芗（和平神庙）、图密善（涅尔瓦广场）和图拉真的扩建之下，早已超过原始的古罗马广场范围。这条路呈现了鲜明的对比。斗兽场作为孤零零的幸存建筑，象征着意大利王国对古罗马帝国的亏欠，而帝国广场上的很多建筑陷入年久失修状态，外界对它们的评价不及过去的建筑，命运处于悬而未决的状态。这让人想起了费里尼1972年的电影《罗马风情画》中的一个场景：隧道工人在战后铺设地铁线路时打破了一堵墙，进入了一间装饰着湿壁画的古代密室，由于接触了空气，这些湿壁画很快就消失了。帝国广场大道上的古迹消失并非意外，而是附带的损失。这里有太多人类遗迹，分门别类地记录保存会产生过于高昂的成本，此外，在1925年完工的祖国圣坛（也称维托里亚诺，19世纪华而不实的设计作品，地图V中的36）和斗兽场之间清理出一条具有象征意义的直线道路显然更重要，有鉴于此，古迹变成了处理起来非常困难的麻烦事。多少世纪以来，从马克森提乌斯时代到墨索里尼时代，各种各样的建筑沿着帝国大道拔地而起。人们很难在五千五百多个中世纪及现代建筑中，将有纪念意义的遗迹区分出来。于是，所有建筑都得消失。

## 不设防的城市

站在维托里亚诺的阶梯上，向下观看科尔索大道，身后是古老的城市中心，远处是公元前13世纪建造的弗拉米尼奥方尖碑，你可以欣赏阿道夫·希特勒、贝尼托·墨索里尼以及他们手下的高级官员在德国元首1938年5月访问意大利首都时看到的景象。这些人的信心与愿景在接下来几年里逐渐消失，随着第二次世界大战于1945年结束，罗伯托·罗西里尼的电影《罗马，不设防的城市》将刺眼的聚光灯对准德国人对罗马的占领，用新现实主义手法记录了那个艰难年代里意大利的忠诚发生了怎样根本的转变。

作为轴心国一员，意大利加入了欧洲战场，这是墨索里尼接近德国纳粹主义的意识形态，以及两国致力于共同实现法西斯主义未来的自然结果。然而，非洲战役举步维艰，盟军又成功登陆西西里岛并且大规模轰炸城镇地区，意大利不得不面对现实，在1943年宣布投降，成为同盟国友邦，而这导致罗马成为德国的侵略目标。“不设防的城市”指的是罗马不做抵抗，好让城市及其人民免受不必要的伤害（这是巴黎在1940年确立的模式）。意大利向美欧同盟投降后，德国军队迅速占领了意大利首都。自1905年起便用作德国学院的马西莫别墅变成党卫军总部，就像罗西里尼在电影中巧妙捕捉下来的一样，罗马屈从于德国的统治。

罗马可谓腹背受敌。庇护十二世请求美国总统富兰克林·D. 罗斯福不要损毁罗马古老的文化历史景观，当时罗马正在承受英国和美国密集且杀伤力极大的轰炸，盟军希望通过轰炸破坏罗马的机场和铁路场站。尽管意大利是中立国，且对战争双方都具有重要文化意义，但在1943年和1944年，还是有数千人伤亡，甚至连梵蒂冈城都被英国的炸弹击中。

人们可以在与梵蒂冈有一定距离的两个地点看到罗马在第二次世界大战及德国占领期间的一些遭遇。如今圣洛伦佐区以建于法西斯统治时代的罗马大学城校区为中心，作为罗马城的第一所大学，罗马第一大学的校址历史上一直位于圣埃乌斯托乔教堂周围（地图V中的18）。不过圣洛伦佐区毗邻提布提纳街区，如果从公寓建筑群走到罗马公墓，你会经过6世纪修建的城外圣洛伦佐大教堂。（现在人们可以在提布提纳的火车站乘坐新型高速列车，经过墓园抵达教堂，而这是在提醒人们，直到19世纪朱塞佩·瓦拉迪耶对墓园做出规划时，现代城市的这一部分实际上位于城墙之外。）这个地点的重要意义可以追溯到3世纪258年圣洛伦佐的殉道，不到一个世纪后，君士坦丁在这里修建了一座小圣堂，后来被重修为现在的大教堂。

然而圣洛伦佐大教堂紧邻着同名的铁路枢纽站，这就导致教堂处于危险之中。1943年7月19日，美国空军的空袭正好击中了这座古老教堂的正立面。那一天的空袭造成一千八百人死亡，而大教堂被炸无疑具有代表性意义。这一庄严的建筑遭到损毁，让人们开始关注圣洛伦佐工薪社区及周边遭受的毁灭与打击，也促使教皇本人当天下午在轰炸结束后来到这座宗座圣殿，向处于困境中的罗马市民发放救济金。如今，我们很难想象圣洛伦佐区及其周边遭受的伤害。大教堂得到修复，暴力痕迹被扫进历史。这是一个被很多人记住的相对近期的事件，却只是罗马千百年来承受的无数伤害之一。

想看这个年代留下的另一个遗迹，我们需要去城外，从亚壁古道上走下来一段，在后来被封为圣徒的3世纪教皇卡利克斯特一世与殉道者圣塞巴斯蒂安（他是戴克里先迫害基督徒时期的牺牲者）的地下墓穴之间绕行。德国占领罗马期间，意大利游击队对德国“博森”党卫军警察队发起了一次攻击，造成三十二人死亡，警察队因此发动了一场疯狂的报复行动，在今天的阿尔迪汀路与七教堂街交汇处的阿尔迪汀山洞里处决了三百三十五名被捕的平民。罗马的这一段战时历史，通过建筑师朱塞佩·佩鲁吉尼和马里奥·弗洛伦蒂尼设计、雕塑家米尔科·巴萨尔代拉创作的“市民殉难纪念碑”被铭记。他们把山洞（发现遇难者尸体的地方）改建为国家级纪念馆。山洞外遇难者的坟墓上有一个悬空式水泥结构，用特里·柯克的话说，就像一个“正在关门的墓地”。[4]阳光穿透纪念碑边缘照射进来，仿佛马上就要消失一般，屋顶平面覆盖于这个空间之上，象征着长久以来饱受煎熬的良心。

这就是罗马的双重“二战”体验。一方面，这段经历发生于不久前，影响深远，沉重地塑造了城市的历史，是过去的时间里了不得的大事；另一方面，这段经历又像很多事情一样，被迅速吸收与缓和，记忆消退，历史又如往常一样再次积聚。

## 从墨索里尼竞技场到第十七届奥运会

墨索里尼重构了马志尼的“第三罗马”，这里不再是人民的罗马，而是法西斯主义者的罗马。我们已经看到，在墨索里尼工具化罗马城，使其满足意大利法西斯主义意识形态需求的过程中，他不受任何限制。历史被人重写，人民被重新组织。异见者就像罗马城里古老的遗址上的杂物一样被清理。罗马增加了很多反映墨索里尼价值观的地区。在城市北部，从弗拉米尼奥区跨过台伯河，墨索里尼建造了一个先进的教育机构，用于培训体育教师，从而培养推崇强壮体魄的价值观——守纪律、有能力、举止高雅。原始的结构早在1928年便已存在，不过附近很快增加了一个大型体育设施，也就是大理石体育场（图5.3）。体育场里的跑道边摆放着用

图5.3　大理石体育场，1960年。

卡拉拉大理石雕刻出的理想化的法西斯主义者雕像，周边还有一个大型圆形体育场，名为奇普雷西体育场（后来改名万人体育场，表明可以容纳一万名观众），但这个体育场直到“二战”结束后才完工，后来在1960年奥运会前改名为奥林匹克体育场。尽管上述建筑群是在十年时间里以最初的设计为基础一点点累积而成，但还是被称为墨索里尼广场（后来改为意大利广场）。这个名字甚至被刻在了石头上——一块同样用卡拉拉大理石雕刻的巨大方尖碑上刻有“MVSSOLINI

DVX”（元首墨索里尼）字样，这也是墨索里尼死后留下的唯一一个有他名字的公共纪念碑。

不止如此，E42区[1]也足以说明法西斯政权的野心。墨索里尼为举办罗马万国博览会而规划了EUR区，1942年罗马原本应在城市的南部郊区承办这次博览会。如今，这里是一个繁荣的中产阶级社区，不像其他被用于仪式的宽阔大街影响的社区。在战争爆发前，这里原本要举办世界性的盛会，来庆贺意大利二十年来取得的文化成就。对很多人来说，这里的建筑经历了从被人取笑到受人尊重，掩盖了最初的污点，是意大利最优秀的现代建筑师留下的遗产。意大利为万国博览会修建的最知名的地标建筑，通常被称为方形竞技场，正式名称为意大利文明宫（另一个更直接的名字是劳动文明宫）。这个建筑所在的轴线，垂直于向南通向大型体育场的另一条更有仪式意义的轴线。意大利文明宫完工于“二战”期间，这个建筑更像是一个时代结束的注脚，而非胜利的标志。很多因为战争而中断的工程多年后得以完工，比如会议宫（图5.4）就是阿代尔伯托·利贝拉在1938年动工修建的建筑，可直到1954年才完工。这个建筑也是前期利贝拉个人的

[1] 1935年，为了准备举办1942年万国博览会，墨索里尼决定在罗马以南的近郊建设新市区作为博览会场地，当时的名称是“E42”，后改为“EUR”，并计划将这里打造为罗马新的中心。

图5.4 阿代尔伯托·利贝拉设计建造的EUR区的会议宫（1938—1954年）。

理性主义、让人困惑的极端保守主义理念，与民主、人道主义未来之间的一座桥梁。会议宫可能是利贝拉在罗马最为人熟知的作品，但他真正最有名的作品却是马拉帕尔泰别墅，因为让-吕克·戈达尔和碧姬·芭铎1963年的电影《蔑视》，马拉帕尔泰别墅得以名垂千古。

另一个记录了这一转变历程的建筑，就是罗马的主要火车站——特米尼车站。这个车站最初由萨尔瓦托雷·比安奇在19世纪60年代设计，按照曼弗雷多·塔夫里的观点，比安奇是当时罗马上流社会最喜欢的建筑师之一。[5]特米尼车站动工于教皇时代，完工于国王时代，其间经历了一次政权更迭，而重建车站则经历了又一次政权更迭。比安奇是按照当时罗马市中心车站的需求来设计的，并未预料到日后的城市变化，早在20世纪20年代，老车站就无法满足20世纪的城市需求了。作为1942年举办万国博览会前的公共工程项目之一，特米尼车站开始进行现代化的改造。第一份改造方案出自安焦洛·马佐尼，墨索里尼时代的很多公共建筑与设施均由他设计而成。这次设计是一次对弧形拱门的历史韵律与现代主义建筑简洁线条之间关系的研究，整体构思是在历史传统与未来发展之间展开的探索。作为公共设施，火车站偏爱现代主义风格，可作为墨索里尼统治时代隆重庆祝罗马发展成果的门面，特米尼车站肩负着用罗马语言表达意大利科技进步的历史使命。站在远处的乔瓦尼·焦利蒂街及马尔萨拉街上，人们能清楚地看到围在铁轨外的石灰华拱廊上的拱形窗，规则排列的拱廊被现代样式的窗户与出入口隔断。这些拱廊如同EUR区的意大利文明宫一样，它们是同一个时代、同一种价值观的产物。

战后不久，那些价值观明确无疑地被取代，新的车站由欧金尼奥·蒙托里、利奥·卡利尼和安尼巴莱·维泰洛齐设计，于20世纪50年代完工。马佐尼在车站两侧下方增加了很多火车站功能的设计，新的建筑师将车站打造为一个终点站式的建筑，在如今的五百人广场前方穿梭运行，其中各个功能的位置被重新设计。这是一个明亮、开放、功能齐全且流动的建筑，在很多人看来，这是新的意大利民主价值观在建筑上的表达。[6]

E42区建设受阻二十多年后，进入全新民主共和时代的罗马在重大事件上提出了一个似曾相识的要求——为古迹赋予全新的目的，在建筑的表达上与城市不久前参与反动政治活动的耻辱经历划清界限。1960年第十七届奥运会的很多赛事在由皮埃尔·路易吉·内尔维设计的使用目的明确且高度现代化的建筑中进行，比如小体育宫，这为人们提供了在20世纪50年代完成建设EUR区的动力。内尔维与利贝拉合作设计了一千三百五十套奥运村公寓（位于弗拉米尼亚路以东，在现在的音乐公园礼堂北边的街区），奥运会结束后，这部分区域被吸纳进罗马城。内尔维在弗拉米尼亚路上设计的设施中，有阿波罗多洛斯广场上小体育宫，其中篮球造型的混凝土穹顶是与维泰洛齐合作设计的；还有优雅的科尔索·迪弗朗西亚大道，这条大道贯穿奥运村，展现了罗马为更好地承办奥运会而建成的全新基础设施。奥运会的其他赛事则回到意大利广场进行，一方面认可了广场与法西斯政权的联系，另一方面又通过清除那些承载着未能实现的野心的人工制品，以试图挽回国家形象。一个全新的游泳馆和完工的奥林匹克体育场让这个地点的体育设施进一步丰富。以弗拉米尼奥、罗马北部的意大利体育场以及南部的EUR区为中心，奥运会提供了一个展示全新、开放、民主、现代的罗马的机会。

不过并不是所有的一切都与不久前的历史有关。有些在罗马古老遗迹上进行的赛事，让人想起了奥运比赛的重要历史意义。比方说，体操比赛被安排在卡拉卡拉浴场，摔跤比赛在古罗马广场上的新巴西利卡（地图V中的38）体育馆进行，而马拉松比赛则设置在了亚壁古道，终点线位于君士坦丁凯旋门（地图V中的39）。

通过举办1960年奥运会，罗马得以完善两次世界大战之间留下的建筑遗产。在现代世界里，城市中的历史古迹已不再是至高权威的源泉，不再意味着天然的统治权，而是将当下与深厚且持续的历史黏合在一起的胶水，是复兴时代自豪感的来源，也是加速发展城市急需的基础设施的机会，使其为现代化国家服务。当然，这不会一帆风顺。法西斯主义时期留下的市长职位空缺被天主教民主党成员萨尔瓦托雷·雷贝基尼攫取，在很多人眼中，他将罗马整体带入了腐败又急速发展的阶段。正是这样的发展，让罗马突破了19世纪的边界，承受住了周围地区肆意的人口增长势头。对这些批评者来说，1960年奥运会代表的是政治犬儒主义，本来就不值得信任。

## 为罗马人提供住房

第二次世界大战末期，罗马面临着重大修复需求。一方面，经历了盟军攻击和德国占领后，罗马确实需要修复；另一方面，在象征意义上，也须将社会政治倾向从右翼修正为中性或中性偏左。20世纪40年代和50年代，内部人口迁移导致城市化的速度大幅加快，相应地，人们需要大型工业化及行政高效的城市，为迅速增加的人口提供服务。和其他地区一样，罗马也得应对20世纪20年代和30年代的遗留问题——无所不在的美国消费文化、大范围的腐败、有组织的犯罪，以及政治不稳定等。1871年罗马成为意大利首都，那时全城的人口不过二十万出头，尚能被城墙内的罗马轻松安置。尽管城墙不再起到保护作用，但仍能确定城市的边界。可到了20世纪40年代末，罗马的人口已经变成了之前的八倍。一百六十万人挤在供应不足的住房中，现有基础设施根本无法应对如此庞大的需求。整个20世纪50年代，罗马的人口又增长了五十万以上，20世纪60年代以同样的速度继续增加。

在解决这个危机的过程中，出力最多的莫过于INA住宅建设计划，这个由意大利国家保险机构启动的住房工程项目得到了政府支持，于1949年动工，为工薪阶层建造住房。这项浩大的工程意味着需要在城市外围，也就是未经开发的郊区展开建设。1931年的规划方案预计城市会在一定程度上向周边扩张，重要的是，这份规划方案预留出了一些基础设施的空间，从而为满足战后人口爆炸式增长的住房建设工程提供了保障。当我们乘坐地铁A线去安格尼纳站（也许你在那里会换乘前往钱皮诺的大巴），途中经过圣乔瓦尼站时，说明你已经越过奥勒良城墙这一罗马的历史边界。从弗尔巴—奎阿德拉罗港站开始，地铁沿着中世纪修建的托斯科拉纳街继续向前，如果在努米迪奥·奎阿德拉罗站到苏宝古斯塔站之间四站中的任意一站下车，你就能轻松步行至INA住宅建设工程中最重要的居住区之一。

托斯科拉诺地区在20世纪50年代经历过三个阶段的开发，不同阶段有不同的设计团队，他们在35公顷土地上的不同地点建造了不同风格的建筑（梵蒂冈城比这里大不了多少，面积为44公顷）。INA住宅建设工程修建了3150套住宅，住进了约1.8万人，建筑风格各异，既有可供一家人合住的独栋房屋，也有联排房屋，还有十层高的塔楼，整个区域的建筑面积达到200万平方米。这里有可以培养社区精神的生活设施，有一间教堂、市场，还有社区中心等，可就像那时罗马的大部分地区一样，这里没有公园。[7]第一阶段工程在奎阿德拉罗街与瓦勒里奥·普布利科拉路之间、托斯克拉纳街以南的区域中迅速推进，十余位设计师参与了这个阶段的工作，设计师的不同风格也反映在了各个塔楼的外观上。托斯科拉诺二期工程在奎阿德拉罗街以西开工，工期持续了整个20世纪50年代。由萨韦里奥·穆拉托里和马里奥·德·伦齐领衔的团队设计了一系列标准化公寓，其中包括斯巴达克斯广场以南的"回力镖"型公寓楼。而阿代尔伯托·利贝拉设计的第三阶段（1950—1954年）工程最受好评，这部分工程位于托斯科拉诺二期工程和铁路线之间。利贝拉设计了以庭院为中心的单层公寓，被称为水平套间（*Unità orizzontale*），这种套间的数量比之前标准化公寓要少得多，另外他还设计了一个四层公寓的街区。只有不到一千名托斯科拉诺居民住进了利贝拉设计的房屋，即便如此，利贝拉的设计也吸取了其他建筑师和建造者的经验教训，这些建筑师在北非等更温暖的地区为大量人群建造高密度住房。在战后解决上述问题的房屋设计中，利贝拉的设计是更受推崇的方案之一，也是建筑模式与策略的现代化转型进入罗马这座现代意大利城市的强有力案例。

沿着曾经的托斯科拉诺区边缘，在引入INA住宅建设工程而修建的新道路和生活设施的街区，私人开发商大赚其财，进一步开发出了一栋又一栋千篇一律的公寓楼。有时不同街区呈现出不同风格，既反映出这些街区使用了不同开发商，也反映出人们对如何平衡土地使用、建筑成本与利润的不同看法。弗朗切斯科·罗西1963年的电影《城市上空的手》的开场画面，就是一名那不勒斯开发商站在城市外围滔滔不绝地说话，不远处能看到新建的公寓楼，这个人嘴里说的是“今天的黄金”，也就是划分为农田的地区，只要有人能说服市政管理部门改变最初规划，同时提供连接设施，确保供水、道路、下水管道和其他住宅区的生活设施，这些地方就能成为修建新住宅区的绝佳地点。皮耶罗·皮乔尼一段简洁有力的配乐过后，镜头拍到了一组无名的公寓楼。对很多人来说，尤其对左翼人士而言，罗西的电影戏剧化地呈现了针对那不勒斯的投机罪行，足以反映即便不是全部，也是大多数现代意大利城市的经历，其中自然包括罗马。

## 大工程

“大工程”这种说法，容易让人想起弗朗索瓦·密特朗时代的巴黎，密特朗担任法国总统时期修建的新法国国家图书馆——多米尼克·佩罗设计的四座半透明式塔楼，在1998年为这一浩大的公共工程时期画下了充满戏剧性的句点。可在罗马，由弗朗切斯科·鲁泰利主导的大工程才刚刚进入高潮。作为激进派的鲁泰利于1993—2001年担任罗马市长，他在罗马的文化景观中留下了三个大型遗产。鲁泰利担任市长的几十年来，无论是整修道路、打造社会服务基础设施，还是修建住房、学校及其他快速增长的人口必需的建筑物，罗马人几乎从不扰动城市的历史肌理。罗马大清真寺坐落于城北帕里奥利区边上、阿达别墅的最西边，它的建造过程表明城市开发的节奏逐渐慢了下来。这座清真寺由罗马建筑师保罗·波尔托盖西与萨米·穆萨维及维托里奥·吉廖蒂合作设计，整个项目从启动到完工花了二十年时间（1974—1995年）。即便它招致了一些批评，不是被所有人接受，但这座清真寺仍是一次成功的尝试，考虑到建筑艺术的后现代主义重新回归高雅，就更称得上成功了。可这个建筑也证明，即便在相对有利的环境下，重要的新公共设施的建设速度仍然非常缓慢。

在帕里奥利区的另一边，在弗拉米尼奥的东侧（靠近弗拉米尼奥体育场和小体育宫），音乐公园礼堂在一定程度上代表了一种变化的速度。至少从20世纪30年代开始，与修建大型城市音乐表演场地有关的讨论已经进行了几十年。如果修建音乐厅，最大的受益者莫过于成立于16世纪的圣塞西莉亚国家学院以及整个古典音乐行业。1993年，人们发起行动，将规划方案付诸实现，热那亚的伦佐·皮亚诺建筑设计工作室接受委托，在1960年奥运村及奥运场馆周围内未获开发的土地上建造一座大型的音乐公园。这项工程进行得很快，仅仅经过八年施工，就在2002年正式运营。音乐公园礼堂的核心建筑是三个围绕开放剧场排列的音乐厅，这样的设计让人想起了罗马城内大量松树[1]平缓的曲线。由于开工前的考古挖掘阶段发现了一个之前无人知晓的古罗马村落，导致最初的设计意图没能全部实现，但音乐公园礼堂的最终形态却能起到两个重要的作用。一方面，这组建筑引领了公共建筑被明星建筑师主导的时代，既能保证工程顺利完工，也能从建筑师本身和大众媒体赢得公众关注。作为明星建筑师，皮亚诺也许不如拥有特定风格的建筑师那样杰出，可他也许是仍然健在的最知名的意大利建筑师，而且他设计了从巴黎的蓬皮杜中心到努美阿的让-玛丽-吉巴乌文化中心等重要的文化建筑，他在罗马的工程吸引了公众的大量关注。另一方面，也更重要的是，这个工程重振了弗拉米尼奥，使之成为吸引

[1] 罗马城内的松树是地中海特有的一种松树，叫作意大利石松（学名：Pinus pinea），也被称为意大利伞松、石松、意大利五针松。

文化投资的区域。

音乐公园礼堂开放营业时，弗拉米尼奥的另一区域正在筹建国立二十一世纪艺术博物馆，当时这一项目刚委托给英国的扎哈·哈迪德建筑事务所。这个项目的工期超出了鲁泰利的市长任期，2009年才告完工。不过，它与音乐公园礼堂一样，拥有广阔的前景与紧迫性，也正是这些因素确保皮亚诺的作品成功完成。两个建筑相距不远，从后来被命名为圭多·雷尼路的街道上，只须走一小段路就能到达。国立二十一世纪艺术博物馆致力于展示广义概念上的艺术品，包括20世纪末到21世纪出现的概念性实践艺术和艺术性工程，而博物馆的设计任务也成为一项竞争极其激烈的比赛，吸引了当时世界上最知名的建筑师参与竞标。哈迪德的设计方案反映出“流动性”这一主题，在确定建筑的形式时，她既把建筑物视为建筑艺术作品，也将其作为一个能在现代艺术进入历史时消化处理这些艺术品的舞台。从很多角度看，这是一个开放式作品，通过巧妙的边界设置区分内部和外部区域，而这种设计也体现了罗马自身边界存在的问题。与修建音乐公园礼堂时遭遇过考古难题不同，修建国立二十一世纪艺术博物馆并不需要解决历史难题，即便设计本身是对该地工业历史的一种回应。罗马在这里塑造了一种制度性的抽象概念，基本看不到历史负担。这些对历史中心区来说，是一个更大的难题。

可鲁泰利担任市长期间推动的最具争议性的元老宫修建工程，却不是这么一回事了。我们在第一章提到奥古斯都和平祭坛（地图V中的9）时曾经提到过理查德·迈耶设计的这个建筑。它是在罗马市长的直接干预下修建的建筑物，以期奥古斯都时代的遗迹状态与其在历史上的重要地位相匹配。虽说哈迪德和皮亚诺设计的大型新建筑位于罗马的历史中心区之外，可和平祭坛就在“战场”中心。祭坛内有伟大的古代遗迹，祭坛须挡住法西斯时代修建的试图淡化奥古斯都功绩的建筑，还要与20世纪30年代的主流意识形态实现和解。元老宫在鲁泰利的继任者瓦尔特·韦尔特罗尼担任市长期间完工。当韦尔特罗尼在2008年从市长职位卸任、参加意大利国会选举时，继任的保守派市长在上任后第一周就发誓要拆除这个建筑。但元老宫还是挺过了詹尼·阿勒曼诺的市长任职，从而在罗马的历史上为自己获取了一席之地。在元老宫的屋檐下，奥古斯都纪念碑让游客联想到这座城市悠久历史中最辉煌的一章——处于世界帝国中心的罗马，以及罗马这一概念的源头，即英勇无畏的埃涅阿斯朝着成为罗马之父的命运进发。人们说，是罗慕路斯的犁，导致后来发生的一切。

# 参考资料

关于罗马的著述浩如烟海，写作本书，我需要在知识和故事之间反复权衡。这一过程中的跳跃性，必然会让研究这座城市漫长而复杂历史及复杂制度等领域的任何专家感到沮丧。可作为一本定位为入门级、介绍性的书，本书也需要引导热心的读者接触更多资料，以便他们更深入地了解与罗马有关的更复杂的论著，而不只是依靠这本书实地或者在头脑中穿行于罗马的街道。即便只是列出与一小段罗马历史有关的全部书目，其篇幅也会迅速超过本书的容量，毫不夸张地说，一个人需要一辈子才能读完与罗马有关的书。所以我在下面列出的文章和书籍，在写作这本与罗马简史有关的书时，都起到了比其他资料更重要的作用。其中一些资料属于通识类，另一些则明显更加学术。列出资料会暴露我的个人偏见和关注重点，但这仍不失为深入了解罗马的合适起点。

我认为，通过建筑史、城市史以及真实可感的艺术品去了解罗马，是非常重要的。尽管意大利旅游俱乐部的《意大利指南：罗马》（*Guida d' Italia: Roma*）更多地从技术层面密集地介绍了罗马的艺术品和历史遗迹，但从信息的全面程度看，还没有什么书能超越这本厚重的指南。我手头的是第十版（Milan, 2008），而这本书首版于1925年。书中的地图非常漂亮，各种细节也非常准确，尽管由意大利语写成，但其清晰的内容、极具艺术性的插图与数据也能为不熟悉这门语言的读者提供巨大帮助。我在翻看这本书时会打开苹果电脑上的地图软件以获得实际的帮助——写作本书时，很多时候我更靠近太平洋，而不是台伯河。软件的精细程度总是让我印象深刻。

作为综合性资料，克里斯托弗·希伯特（Christopher Hibbert）的《罗马：一座城市的兴衰史》（*Rome: The Biography of a City*, London: Penguin, 1987）和罗伯特·休斯（Robert Hughes）的《罗马》（*Rome*, London: Weidenfeld & Nicolson, 2011）都极具洞察力，均带有强烈的个人色彩，而且内容围绕艺术史编排，而我则忍住个人对它们的偏爱，尽可能在写作时将其抛诸脑后。《意大利建筑史》丛书（*Storia dell'architettura italiana*, Milannese press Electa, 首版于1997）既能帮助读者从框架上了解几个世纪以来的意大利建筑发展与规划历史，也能吸引当代学者分析其中的重要历史论文。拉泰尔扎（Laterza）的论文集《古今罗马史》（*Storia di Roma dell'antichità a oggi*, Rome, 2002– ）收录大量当代学者有关罗马历史的文章。阿尔塔·麦克亚当（Alta Macadam）和安娜贝尔·巴伯（Annabel Barber）的《罗马及其周边蓝色指南》（*Blue Guide covering Rome and Its Environs*, 1974, Taunon: Somerset Books, 10th edn, 2010）是我一直都在看的书，其他大量不同年份的旅游指南证实了我的一些习惯看法，也否定了我其他一些想法。

一些现代随笔将罗马城用作观察其他事物的方法，我决定推荐以下三篇：格奥尔格·齐美尔的《罗马》，英文翻译版刊登在《理论、文化与社会》（*Theory, Culture & Society*）杂志上（原文名称为'Rome: Ein ästhetische Analyse'）。我是在读巴特·费斯哈费尔特（Bart Verschaffel）的《罗马/过分戏剧化》（*Rome/Over Theatraliteit*, Ghent: Vlees en Beton, 1996）时第一次得知齐美尔的文章，费斯哈费尔特讲述罗马的这本书本身也非常好看，而且鲜为人知。齐美尔的《罗马》是他的"意大利三部曲"之一，其余两篇写的是佛罗伦萨和威尼斯，这些文章用德语和西班牙语合编为一卷，最后发表于前面提到的《理论、文化与社会》杂志上。弗洛伊德对罗马的思考广为人知，具体可见《心理学全集标准版》（*Standard Edition*, 均由 The

Hogarth Press and the Institute of Psychoanalysis, London出版，James Strachey编）。我引用的是后来单独出版的《梦的解析》（*The Interpretation of Dreams*, London: Allen & Unwin, 1955）和《文明与缺憾》（*Civilization and Its Discontents*, London: The Hogarth Press and Institute of Psychoanalysis, 1973）。引言部分结尾处提到的《我死亡的故事》（*Storia della mia morte*），我最早是在一次度假时妻子拿给我的短篇故事合集中看到的——大概是在《读者文摘》之类的杂志上——但那个画面一直印在我的脑海里。这个故事的英文翻译版出自露丝·德雷珀（Ruth Draper）在《我死亡的故事》中对劳罗·德·博西斯的描述。除此之外，我觉得皮埃尔·维托里奥·奥雷利（Pier Vittorio Aureli）的《绝对建筑可能性》（*The Possibility of an Absolute Architecture*）也是有用的信息来源。

我很依赖克里斯托弗·史密斯（Christopher Smith）在罗马古代史上的专业能力以及他对历史地形的了解。我非常推荐他的《伊特鲁里亚人简史》（*The Etruscans: A Very Short Introduction*, Oxford: Oxford University Press, 2014），以及出自这个系列的另外两本书——戴维·M. 格温（David M. Gwynn）的《罗马共和国》（*The Roman Republic*, Oxford：Oxford University Press, 2012）和克里斯托弗·凯利（Christopher Kelly）的《罗马帝国简史》（*The Roman Empire*, Oxford: Oxford University Press,

2012）。在罗宾·奥斯本（Robin Osborne）和巴里·坎利夫（Barry Cunliffe）编撰的《公元前800—前600年地中海的城市化》（*Mediterranean Urbanization 800-600 BC*, Oxford: Oxford University Press, 2005）一书中，史密斯所写的《罗马城市化的开端》（'The Beginnings of Urbanization in Rome'）颇具启发性，他在更早时写的《早期罗马和拉丁姆：公元前1000年到公元前500年的经济与社会》（*Rome and Latium: Economy and Society c. 1000 to 500 BC*, Oxford: Clarendon Press, 1996）一书也是如此。安德里亚·卡兰蒂尼（Andrea Carandini）的著作是另一种风格，《罗马：第一天》（*Rome: Day One*, Stephen Sartarelli 译, Princeton, NJ: Princeton University Press, 2011）用英文出版以面向更多读者，毫无疑问，读者都会觉得这本书有趣，即便他的作品总是迅速让读者群分裂。（他对所谓罗慕路斯城墙的研究最初出现在《考古学公报》[*Bollettino di archaeologia* 16–18（1992）, 1–18] 里的《帕拉蒂尼城墙：罗马王政时代新线索》（'Le mura del Palatino. Nuova fonte sulla Roma di eta Regia'）一文中。

大卫·沃特金斯（David Watkin）的《古罗马广场》（*The Roman Forum*, London: Profile, 2009）对这个关键地点做出了充满激情且细节丰富的描写，尽管这本书不认同阿曼达·克拉里奇（Amanda Claridge）所写的《罗马：牛津考古指南》（*Rome:*

*An Oxford Archaeological Guide*, Oxford: Oxford University Press, 1998; 2nd edn, 2010）中的一些观点——沃特金斯在书中提出了一种考古世界观——但两本书可以搭配在一起阅读，以便欣赏两本书中现实与故事的取舍。想更广泛地了解古代罗马和基督教早期的建筑，克拉里奇的《考古指南》不仅非常优秀，而且不可或缺。关于罗慕路斯和雷穆斯的生死传说，我从T. P. 怀斯曼（T. P. Wiseman）的《雷穆斯：一个罗马传说》（*Remus: A Roman Myth*, Cambridge: Cambridg University Press, 1995）中获益良多。尽管这本书毁誉参半，但它拥有清晰的观点和扎实的学术信息，从中可以获得与罗马的共和国身份构建有关的大量信息。此外，读者还可以读一读杰西·本尼迪克特·卡特（Jesse Benedict Carter）发表在《美国考古学期刊》[*American Journal of Archaeology* 13, no. 1 (1909), 19–29] 上的《罗慕路斯之死》（'The Death of Romulus'），安德烈斯·梅尔（Andreas Mehl）的《罗马编史》（*Roman Historiography*, Malden, Mass.: Wiley-Blackwell, 2011），杰拉尔德·P. 韦布吕格（Gerald P. Verbrugghe）发表在《历史：古代历史期刊》[*Historia: Zeitschrift für Alte Geschichte* 30, No. 2 (1981), 236–8] 上的《费边·皮克托尔的〈罗慕路斯和雷穆斯〉》（'Fabius Pictor's "Romulus and Remus"'）。关于早期罗马历史和历史在罗慕路斯/雷穆斯传说中扮演的角色，读者可以参考马里昂·迪特曼（Marion

Dittman）发表在《古典学报》[ *Classical Journal* 30, No. 5（1935），287–96 ] 上的《罗马人历史编纂的发展》（'The Development of Historiography among the Romans'）一文。

两篇旧文在关键时刻为我提供了灵感。虽然其中的观点都被后来出现的学术研究取代，但仍能激发我对处于改变中的古代罗马的想象：一篇是杰西·本尼迪克特·卡特（又是他）发表在《美国哲学学会论文集》[ *Proceedings of the American Philosophical Society* 48, no. 192（1909）] 里的《从起源到高卢之灾的罗马城市演变》（'The Evolution of the City of Rome from Its Origin to the Gallic Catastrophe'）；另一篇是沃尔特·丹尼森发表在《古典学报》[ *Classical Journal* 3, no. 8（1908），318–26 ] 上的《西塞罗眼中的古罗马广场》（'The Roman Forum as Cicero Saw It'），这篇文章实际上让人看到了罗马一个完整的共和国时代从开始到结束的历史。我对塞维安城墙的了解和欣赏，受到了赛斯·G. 伯纳德（Seth G. Bernard）在《英国驻罗马研究院年刊》[ *Papers of the British School at Rome*（*PBSR*）80（October 2012），1–44 ] 中《关于罗马最早的环形城墙的持续讨论》（'Continuing the Debate on Rome's Earliest Circuit Walls'）的影响，读这篇文章时，我同时读了德罗伊森（Droysen）的1896年地图集 [ *Allgemeiner Historischer Handatlas*（1896）]——其中的图片在网上可以轻松找到。多年来，罗伯特·柯蒂斯－史蒂芬斯（Robert Coates-Stephens）每年都会在《英国驻罗马研究院年刊》（*PBSR*）中刊登《来自罗马的笔记》（'Notes from Rome'），记录与罗马考古及历史有关的新考古发现和重大事件。

与帝国时代罗马有关的书籍主题繁多，其中有大量专业性及简单易懂的书。市面上绝大多数的书都与这一阶段的罗马有关。玛丽·比尔德（Mary Beard）的《罗马元老院与人民》（*SPQR*, London: Profile, 2015）是拓宽与罗马共和国和罗马帝国知识面的绝佳选择，她针对这个主题撰写了大量文字。想更深入了解作为古代大都市的罗马，了解这座城市从地中海的主要定居点崛起到帝国重心转向君士坦丁堡，读者可以参考史蒂芬·L. 戴森（Stephen L. Dyson）的《罗马：一座古老城市的现实画像》（*Rome: A Living Portrait of an Ancient City*, Baltimore, MD: Johns Hopkins University Press, 2010）。

关于万神殿，我认同学者托德·A. 马德尔（Tod A. Marder）的观点，尤其认同他发表在《建筑历史学家协会期刊》[*Journal of the Society of Architectural Historians*（*JSAH*）] 上的文章；不过他也有新作——和马克·威尔森·琼斯（Mark Wilson Jones）一起编纂的《万神殿：从古代到现在》（*The Pantheon: From Antiquity to Present*, Cambridge: Cambridge University Press, 2015）。研究这个建筑的学生将会发现，万神殿是表达

他们对这段丰富历史欣赏之情的绝佳场所。关于斗兽场，玛丽·比尔德和基斯·霍普金斯（Keith Hopkins）的作品是了解这个建筑及其历史的绝佳入门读物。

我发现J. 伯特·洛特（J. Bert Lott）的《奥古斯都时代罗马的社区》（*The Neighborhoods of Augustan Rome*, Cambridge: Cambridge University Press, 2004）对罗马的社区级别的宗教、政府和社会组织的高质量研究非常有用。关于流行文化和娱乐活动，我参考了J. P. 托纳（J. P. Toner）的《休闲与古罗马》（*Leisure and Ancient Rome*, Cambridge: Polity, 2013）和《流行文化与古罗马》（*Popular Culture and Ancient Rome*, Cambridge: Polity, 2009）；关于罗马的洪水历史，我推荐格里高里·S. 阿尔德雷特（Gregory S. Aldrete）的《古罗马台伯河的洪水》（*Floods of the Tiber in Ancient Rome*, Baltimore: Johns Hopkins University Press, 2007）；关于罗马的宗教体系和关系，可以参考玛丽·比尔德、约翰·诺斯（John North）和西蒙·普莱斯（Simon Price）分为上、下两卷的著作《罗马的宗教》（*Religions of Rome*, Cambridge: Cambridge University Press, 1998），还有尤尔格·卢普克（Jörg Rüpke）的《罗马人的宗教》（*Religion of the Romans*, Cambridge: Polity, 2007）。在我书架上的各种企鹅图书早期出版的平装书和老派的历史合订本中，我觉得皮埃尔·格里马尔（Pierre Grimal）编纂的经典

《罗马文明》（*La civilisation romaine*, Paris: Arthaud, 1960；英文版*The Civilization of Rome*, Allen & Unwin, 1963）在帮助我了解罗马城各个领域之间的联系，比如农业和宗教之间的联系时作用最大。杰里·托纳（Jerry Toner）充满讽刺意味的作品《如何驾驭奴隶》（*How to Manage Your Slaves*, London: Profile, 2014，与马尔库斯·西多尼乌斯·法尔克斯合著）描述了奴隶制的方方面面，让读者可以充分了解古罗马的这一方面。关于日常生活，我喜欢阿尔贝托·安杰拉（Alberto Angela）的《古罗马的日常生活》（*Day in the Life of Ancient Rome*）——这个主题很多人都写过了。

大量电影、电视剧和文学作品中都以古罗马为背景，数量太多难以计算，但很容易找到。可如果不提两本讲述罗马帝国历史中关键人物的小说，那就是我的疏忽，这两本小说是：约翰·威廉斯（John Williams）的《奥古斯都》（*Augustus*, New York: Viking, 1972）和玛格丽特·尤瑟纳尔（Marguerite Yourcenar）1951年的小说《哈德良回忆录》（*Memoirs of Hadrian*, New York: Farrar, Straus and Giroux, 2005）。

关于罗马中世纪时期的历史，理查德·克劳特海默（Richard Krautheimer）的可读性极高的权威性研究专著《罗马：一座城市的画像（312—1308）》（*Rome: Profile of a City, 312-1308*, Princeton, NJ: Princeton University Press, 1980）很难用

作周末消遣读物，但它却能让读者投入其中，了解罗马历史上关键但又经常被忽略的千年里，大量与罗马城及其人口与制度有关的信息。如果有时我读得很仔细，我也会把这部著作用作发现这一领域其他作者作品的跳板——有些人纠正了克劳特海默对某些作品的理解，提出不同的解读。克劳特海默在尤娜讲座上的讲稿《基督教三都：地形与政治》（*Three Christian Capitals: Topography & Politics*, Berkeley: University of California Press, 1983）同样对罗马在4世纪和5世纪的基督教化过程，提出了重要见解，并将罗马与君士坦丁堡和米兰进行了比较。琼·巴克莱–劳埃德（Joan Barclay-Lloyd）为这些主题贡献了一些制图和很多研究，想要更多地了解中世纪的一些重点教堂，我推荐她的著作，其中包括发表在《建筑历史学家协会期刊》[ *JSAH* 45, No. 3（1986）, 197–223 ] 上的文章《罗马圣克雷芒中世纪教堂建筑史》（'The Building History of the Medieval Church of S. Clemente in Rome'），以及发表在《英国驻罗马研究院年刊》[ *PBSR* 72（2004）, 231–92 ] 上的《罗马圣撒比纳的中世纪道明会建筑（1219—1320）》（'Medieval Dominican Architecture at Santa Sabina in Rome, c.1219–c.1320'）。

与罗马中世纪不同领域有关的话题，我们都能找到丰富的学术著作。在我了解不熟悉的领域时，有几本书对我尤为有用。在中世纪教皇权以及礼拜仪式、建筑与教皇的关系问题上，我很看重玛丽·斯特罗（Mary Stroll）的《作为权力的符号：叙任权之争后的教皇权》（*Symbols as Power: The Papacy following the Investiture Contest*, Leiden: Brill, 1991）；关于罗马在欧洲范围内构建自身形象的问题，参见埃蒙·欧·卡里加因（Éamonn Ó Carrigáin）和卡罗尔·纽曼·德·维戈瓦尔（Carol Neuman de Vegvar）编写的《罗马·费利克斯：中世纪罗马的形成与反思》（*Roma Felix: Formation and Reflections of Medieval Rome*, Farnham: Ashgate, 2007）；若想通过不久前发现的湿壁画了解这个时代人们的精神状态，可参考克里斯廷·B. 阿维兹兰德（Kristin B. Aavitsland）的《想象中世纪罗马的人类状况：三泉隐修院的西多会巨幅湿壁画》（*Imagining the Human Condition in Medieval Rome: The Cistercian Fresco Cycle at Abbazia della Tre Fontane*, Farnham: Ashgate, 2012）。除此之外，我还要补充彼得·帕特纳（Peter Partner）的《圣彼得之地：中世纪与文艺复兴早期的教皇国》（*The Lands of St Peter: The Papal States in the Middle Ages and the Early Renaissance*, Berkeley: University of California Press, 1972）；皮埃尔·里谢（Pierre Riché）撰写、迈克尔·伊多米尔（Michael Idolmie）翻译的《加洛林王朝的人们：一个制造了欧洲的家族》（*The Carolingians: A Family Who Forged Europe*, 1983; Philadelphia: University of Pennsylvania Press, 1993）；赫伯特·舒茨（Herbert

Schutz）的《中欧的中世纪帝国：加洛林法兰克疆域上的王朝延续（900—1300）》（*The Medieval Empire in Central Europe: Dynastic Continuity in the Post-Carolingian Frankish Realm, 900–1300*, Newcastle upon Tyne: Cambridge Scholars Publishing, 2010）；还有克里斯·威卡姆（Chris Wickam）的《中世纪罗马：一座城市的稳定与危机（900—1150）》（*Medieval Rome: Stability & Crisis of a City, 900–1150*, Oxford: Oxford University Press, 2015）。关于罗马进入加洛林时代的后果，读者可以参考卡洛琳·J. 古德森（Caroline J. Goodson）的《帕斯夏一世的罗马：教皇权、城市革新、教堂重建以及遗迹改变（817—824）》（*The Rome of Paschal I: Papal Power, Urban Renovation, Church Rebuilding and Relic Translation, 817–824*, Cambridge: Cambridge University Press, 2014）。我还注意到罗伯特·布雷塔诺（Robert Bretano）的《阿维尼翁前的罗马：13世纪罗马的社会史》（*Rome before Avignon: A Social History of Thirteenth-Century Rome*, New York: Basic Books, 1974）和罗纳德·G. 穆斯托（Ronald G. Musto）的《罗马的末世：科拉·迪·里恩佐与新时代的政治》（*Apocalypse in Rome: Cola di Rienzo and the Politics of a New Age*, Berkeley: University of California Press, 2003）。前文提过的克拉里奇的《罗马》也从考古学角度，针对那些长久以来被过度修建或者埋没于罗马基督教前宗教历史的早期基督教堂提出了重要观

点。古德森则在多利根·考德威尔（Dorigen Caldwell）和莱斯利·考德威尔（Lesley Caldwell）编辑的《罗马：过去与现在的不断相遇》（*Rome: Continuing Encounters between Past and Present*, Farnham: Ashgate, 2011, 17–34）中的《中世纪罗马的罗马考古学》（'Roman Archaeology in Medieval Rome'）部分对古罗马历史遗迹在中世纪的情况做出了极有价值的分析。

我期待理查德·威特曼（Richard Wittman）以城外圣保罗大殿修复工程的历史传承为主题的书，他曾经针对这一主题做过几次公开演讲。

年代较远的资料有企鹅图书在1971年出版的彼得·卢埃林（Peter Llewllyn）的《黑暗时代的罗马》（*Rome in the Dark Ages*）。这份研究不能算简单，但内容仍然简洁明了，与费迪南德·格里高卢韦斯（Ferdinand Gregorovius）在1859—1872年间出版的多卷本《中世纪罗马城历史》（*Geschichte der Stadt Rom in Mittelalter*）相比更是如此，格里高卢韦斯的著作如今可以买到四卷本的德文版（Munich: Beck, 1988），也能买到不同版本的英文版。我手头的是芝加哥大学出版的节选版《罗马与中世纪文化：中世纪罗马城历史节选（1971）》[*Rome and Medieval Culture: Selections from History of the City of Rome in the Middle Ages*（*1971*）]。读者也可以下载到各种格式的19世纪版的本尼迪克特（Benedict）的《罗马圣地指南》（*Mirabilia*

*Urbis Romae*）。

除了众多向公众开放的重要教堂外，前往实地游览的游客还可以参观中世纪国家博物馆（馆藏文物的时间跨度与克劳特海默《罗马》一书相当，这个博物馆位于EUR区附近的林肯大道上）。这间博物馆的不远处，就是另一个与罗马城古代历史有关的高质量历史博物馆——罗马文明博物馆（位于乔瓦尼·阿涅利广场）。

在我了解近代早期历史的过程中，有几本书起到了重要作用，我主要从那些将艺术、建筑和城市的讨论置于更广泛的政治、制度、社会与知识大背景下进行讨论的书籍中获取信息。我在书中回顾了曼弗雷多·塔夫里的一些著作，包括《中世纪研究》（*Ricerca del rinascimento*, Turin: Einaudi, 1992。英文版由Daniel Sherer翻译，*Interpreting the Renaissance*, New Haven, Conn.: Yale University Press, 2006）、《人文主义建筑》（*L'architettura dell'uma-nesimo*, Rome: Laterza, 1969），以及他与路易吉·萨莱诺（Luigi Salerno）和路易吉·斯佩扎费罗（Luigi Spezzaferro）合著的《朱利亚街：一个16世纪的城市乌托邦》（*Via Giulia: Una utopia urbanistica del' 500*, Rome: Aristide Staderini, 1973）。我从尼古拉斯·坦普尔（Nicholas Temple）的《城市的复兴：建筑、城市化和尤里乌二世时代罗马的仪式》（*Renovatio Urbis: Architecture, Urbanism and Ceremony in the Rome of Julius II*,

London: Routledge, 2011）一书中获益良多。莱克斯·波斯曼（Lex Bosman）关于圣彼得大教堂重建工程的专著《传统的力量：梵蒂冈圣彼得大教堂建筑中的无上荣誉》（*The Power of Tradition: Spolia in the Architecture of St Peter's in the Vatican*, Hilversum: Uitgeverij Verloren, 2004）是一本极好的了解这座建筑所使用材料的象征价值的入门读物。安德烈·查斯特尔（André Chastel）研究艺术、文化和历史的《1527年罗马之劫》（*The Sack of Rome, 1527*, Beth Archer译, Princeton, NJ: Princeton University Press, 1983）极有价值，可读性非常强。朱里奥·卡洛·阿尔甘（Giulio Carlo Argan）的《欧洲的首都（1600—1700）》（*Europe of the Capitals: 1600–1700*, Geneva: Skira, 1964）将罗马置于欧洲民族国家的地缘政治版图中，让读者通过艺术、文学、城市规划以及建筑洞察这段历史。大卫·马歇尔（David Marshall）编辑的《罗马：罗马艺术与地形研究（1400—1750）》（*Rome: Studies in the Art and Topography of Rome 1400–1750*, Rome: L'Erma di Bretschneider, 2014）探索了这座城市近代早期一些拥有丰富历史以及非常重要的地点为罗马的制度与公共习俗带来了哪些重要影响。克劳特海默的《亚历山大七世的罗马（1655—1667）》（*The Rome of Alexander VII: 1655–1667*, Princeton, NJ: Princeton University Press, 1985）深入研究了彼得·伯克（Peter Burke）在《伦敦书

评》的《国家剧场》（*London Review of Books*, 'State Theatre'，22 January 1987）里提出的问题，即"（教皇）遇到的难题……是将世俗角色和精神领袖，即国王与神父结合在一起"。以上三本书有一个共同点——探讨了在那些世纪里，艺术、制度与历史事件之间存在极其重要的关系。

马丁·德尔贝克（Maarten Delbeke）围绕雕塑家、建筑师吉安·洛伦佐·贝尼尼宗教艺术作品的研究为读者提供了一个了解17世纪中期的重要窗口，详见《宗教的艺术：斯福尔扎·帕拉维奇诺与贝尼尼罗马的艺术理论》（*The Art of Religion: Sforza Pallavicino and Art Theory in Bernini's Rome*, Farnham: Ashgate, 2012）。塔森出版社的《皮拉内西：蚀刻画全集》（*Piranesi: The Complete Etchings*, Luigi Ficacci编；Cologne, 2000）包括数百张罗马古代和近代早期的画像，这本书仿佛一个笔记本，几乎没有远离过我的键盘。关于皮拉内西和他生活的18世纪，我推荐罗拉·康托尔-卡佐夫斯基（Lola Kantor-Kazovsky）的《身为罗马建筑解释者的皮拉内西，以及他智识世界的起源》（*Piranesi as Interpreter of Roman Architecture and the Origins of his Intellectual World*, Florence: Leo S. Olschki, 2006），这本书对罗马的制度、媒介及档案进行了广泛分析，也分析了被皮拉内西称颂壮观的古代遗迹的知识背景。马里奥·贝维拉夸（Mario Bevilacqua）、海瑟·海德·迈纳（Heather Hyde

Minor）和法比奥·巴里（Fabio Barry）编撰的《大蛇与铁笔》（*The Serpent and the Stylus*, Ann Arbor: University of Michigan Press, 2007）同样成为读者了解18世纪制度化世界的学术性窗口，让读者了解通过不同方式获取古代罗马和现代罗马的知识，我们所能看到、描绘并传播的信息之间究竟有着怎样的关系。读者可以通过俄勒冈大学的一个线上项目看到大量朱塞佩·瓦西（Giuseppe Vasi）的作品。

罗马作为现代城市的历程，与意大利作为现代国家的崛起经历密不可分。在这个问题上，我对19世纪和20世纪建筑与城市化的理解，主要来源于特里·柯克（Terry Kirk）的两卷本重要研究著作《现代意大利建筑》（*The Architecture of Modern Italy*, New York: Princeton Architectural Press, 2005）。另有三本与上述著作密切相关的的书籍，让我更加深入地了解了这一领域下的特定主题：乔治·丘奇（Giorgio Ciucci）的《建筑与法西斯主义，建筑与城市（1922—1944）》（*Gli architetti e il fascismo. Architettura e città*, 1922-44, Turin: Einaudi, 1989），曼弗雷多·塔夫里的《意大利建筑史（1944—1985）》（*Storia dell'architettura italiana, 1944–85*, Turin: Einaudi, 1986），以及马尔科·比拉吉（Marco Biraghi）和西尔维亚·米凯利（Silvia Micheli）的《意大利建筑史（1985—2015）》（*Storia dell'architettura italiana, 1985–2015*, Turin: Einaudi, 2013）。与罗马城现代规划史有关的

问题，我参考了斯皮罗·科斯托夫（Spiro Kostof）的一系列文章与综述（第五章曾提过），他对这个主题的论述结集出版为《第三罗马（1870—1950）：交通与光荣》（*The Third Rome, 1870–1950: Traffic and Glory*, Berkeley, Calif.: University Art Museum, 1973）。

关于20世纪的“古罗马精神”，我关注的是扬·内利斯（Jan Nelis）的研究，尤其是他的《从古代到现代：法西斯主义20年里的古罗马精神传说，墨索里尼集团“第三罗马”的印记》（*From Ancient to Modern: The Myth of Romanità during the Ventennio Fascista. The Written Imprint of Mussolini's Cult of the 'Third Rome'*, Turnhout: Brepols, 2011）。想了解罗马在战后受到了哪些社会与政治力量的影响，我推荐保罗·金斯伯格（Paul Ginsborg）极有价值的《意大利现代史（1943—1980）》（*Contemporary Italy 1943–1980*, London: Penguin, 1990），以及这本书的“续篇”《意大利及其不满：家庭、公民社会与国家（1980—2001）》（*Italy and Its Discontents: Family, Civil Society, State, 1980–2001*, London: Penguin, 2003）。罗马彻底卷入了意大利公共住房项目，与之相关的历史，参见斯蒂芬妮·泽埃尔·比拉特（Stephanie Zeier Pilat）的《重建意大利：战后的INA房屋工程社区》（*Reconstructing Italy: The Ina-Casa Neighborhoods of the Postwar Era*, Farnham: Ashgate, 2014）；

关于20世纪意大利城市化过程中城市与乡村文化之间的关系，我参考了米开朗琪罗·萨巴蒂诺（Michelangelo Sabatino）的《谦虚中的骄傲：现代主义建筑与意大利的本土传统》(*Pride in Modesty: Modernist Architecture and the Vernacular Tradition in Italy*, Toronto: University of Toronto Press, 2010)。

哪怕只是简单了解一下电影世纪中的影像资源，也无法绕过费德里科·费里尼对罗马成为现代大都市过程的记录。新现实主义记录了这座城市改变过程中最为迷茫的时刻，在这个转变过程中，罗伯托·罗西里尼（Roberto Rossellini）、维多里奥·德西卡（Vittorio De Sica）和朱塞佩·德桑蒂斯（Giuseppe De Sanctis）也用现代镜头记录下了罗马，供到访的电影迷评判。本书在前面提到了《甜蜜的生活》(1960年）和《罗马风情画》(1972年)，这两部电影分别展现了这座城市处于剧变开始和剧变之中的状态——城市的社会与城市结构及其制度都在变化(《罗马风情画》结尾的基督教时装秀让人难以忘怀)。尽管这对于罗马的现代化可能具有重要意义，罗马仍然容易被浪漫化，即便罗马不乏暴力历史，从这一点出发，具有时代特点的电影《灿烂人生》(*La meglio gioventù*, 2003年）和《犯罪小说》(*Romanzo criminale*, 2005年）颇有教育意义。《绝美之城》(2013年）因回归1960年费里尼的世界而饱受批评，但这些批评并未充分考虑到电影对这座城市的呈现或者主人公因怀旧情绪承受的负担。从这个角度看，这部电影与汤姆·拉克曼（Tom Rackman）的小说《不完美主义者》（*The Imperfectionists*）颇有共同之处，这部小说围绕罗马的一份国际性报纸展开，展现了一个时代结束时的场景。这两部作品都对长久以来塑造了这座城市的两个对立性因素——内部因素和外部因素——进行了反思，在这两个因素之间，罗马这个概念的边界获得了暂时的明晰。

# 年　表

我力图用这份年表，公正地记录那些让罗马演变为一座城市或地缘政治实体的重大事件。本书很少提及罗马在城墙之外取得的成就，但我们从年表中列出的事件可以看出，罗马与其他强国的关系，以及罗马征服外部领土等事件对这座城市的历史同样具有非常重要的影响。公元前3世纪前发生的事件和时间（以及最早一批历史学家在他们那个时代做出的记录）可信度不一，而我采用的是传统上对该事件所持的主流观点。罗马建城之初的几百年里是否真的发生过某些事件仍存有疑问，可即便严格意义上难以确认，在制作这份年表时，我还是选择相信李维以及他在奥古斯都时代写下的《罗马史》。

## 公元前

前753

罗慕路斯杀害雷穆斯，随后在4月21日创建罗马（罗慕路斯在公元前753—前716年自封为王）。

前750（前752）

在一场敬献给海神尼普顿的比赛期间，罗马人绑架了安特纳特、卡尼奈斯、克鲁斯图米尼和萨宾部族的女性成员。

前752

因为上述绑架行为，罗马接连遭到报复。不过除萨宾人外，其他部族的进攻均被瓦解，罗马反击的次数也在不断增加，这是罗马早期的领土扩张，与萨宾人共治的一段时期。

前752—前716

罗慕路斯统治期间，伊特鲁里亚人的菲德纳城邦进攻罗马，罗马战胜对方后成功反击，进攻了菲德纳。维伊效仿菲德纳，但进攻同样不成功。维伊城曾被包围，但没有被罗马攻下，双方最终以条约结束了战争。

前716

努马·庞皮利乌斯被选为罗马国王，这是库里亚大会进行的第一次国王选举。

前716—前672

努马统治期间，罗马发展出了有别于周边地区的独特的宗教形态。

前673—前642

图鲁斯·赫斯提利乌斯统治期间，菲德纳与维埃与罗马及阿尔巴·隆伽爆发战争。

前642—前617

罗马第四代国王安古斯·马修斯统治时期。

前616—前579

卢修斯·塔克文·普里斯库斯统治时期，他是第一个成为罗马国王的塔昆人，也是罗马的第四任国王。

前588

罗马进攻并掠夺了拉丁城市亚比奥拉。

前580

罗马与拉丁姆开战，征服了包括阿梅利奥拉、卡梅里亚、科勒利姆、克鲁斯图美伦、菲库拉、美杜利亚和诺伦蒂姆等地。

前578—前535

在塞尔维乌斯·图利乌斯统治期间，罗马与维伊人及伊特鲁里亚人开战，并且分别在公元前571年和前567年取得胜利。

前535—前534

卢修斯·塔克文·苏佩布（傲慢的塔昆王）开始统治，他是古罗马的第七任，也是最后一任国王（公元前509年被推翻，公元前496年死亡）。罗马和伊特鲁里亚在这段时间实现了永久和平。

前509

苏佩布的统治被推翻，布鲁图斯和普布利科拉建立了罗马共和国。罗马共和国与从维伊及塔克文伊召集的皇家军队爆发了席尔瓦·阿尔西亚之战，罗马在3月1日取得胜利。

前508

与伊特鲁里亚城市克鲁西姆爆发战争，罗马包围了克鲁西姆，双方以签订条约的形式实现和平。伊特鲁里亚人日后在罗马定居，这是土斯古斯区这些地名的由来。

前496/前499/前493/前489

罗马在雷吉鲁斯湖之战中战胜拉丁同盟。

前494

因为社会福利问题，罗马历史上第一次出现平民撤离事件。平民保民官一职由此诞生。

前471

平民会议通过一项法律，允许平民编入类似于贵族阶层一样的部族。

前451，前450—前449

确立十人委员会制度，罗马的法律制度《十二铜表法》制定于这个时期。

前449

十人委员会滥用权力导致了第二次平民撤离事件。

前390

（围攻）维伊之战（另一种说法发生在公元前405—前396年）。

前387

阿里亚河之战（另一种说法发生在公元前390年）爆发，高卢人在布伦努斯带领下攻陷罗马，罗马由此确认需要更高的城市防御能力，也证明人们希望保护罗马的意愿。

前361

与费伦提乌姆爆发战争，罗马攻陷此城。

前354

罗马与萨姆尼特达成停战条约（见后面公元前343—前341、前326—前304、前298—前290年的萨姆尼特战争）。

前348

罗马与迦太基达成停战条约（见后面公元前264—前241、前218—前201、前149—前146年的布匿战争）。

前343—前341

第一次萨姆尼特战争，因罗马人守卫的坎帕尼遭到萨姆尼特人侵犯而起。在罗马于拉丁姆地区彰显军事实力的一系列冲突中，这是其中的第一场战争。

前340—前338

第二次拉丁战争，罗马统治拉丁姆地区后，拉丁同盟瓦解。

前330

发现海港奥斯提亚。

前326—前304

第二次（大）萨姆尼特战争，这场战争的主要结果，就是罗马统治了除西西里岛和希腊殖民地外的意大利半岛全部区域。

前312

亚壁水道（第一条沟渠）和亚壁古道（从罗马向南延伸）完工。

前298—前290

第三次萨姆尼特战争，罗马凭借这次战争确立了对意大利的统治。

前280—前275

一座希腊城邦、意大利中部城市及迦太基之间爆发皮洛士战争，战争的起因是伊庇鲁斯的皮洛士入侵意大利。

前264—前241

罗马与迦太基之间爆发第一次布匿战争，西西里岛成为罗马的第一个行省。

前218—前201

第二次布匿战争，汉尼拔骑大象翻越阿尔卑斯山。

前214—前205

罗马与希腊及其盟友爆发第一次马其顿战争，罗马的对手是马其顿腓力五世，后者与汉尼拔结盟。这次战争也让罗马的军队进入了爱琴海。

前200—前196

第二次马其顿战争。这次战争导致希腊军事实力削弱，区域影响力减弱，被夹在如今的罗马、埃及和叙利亚之间。

前192—前188

罗马与塞琉古帝国（今天的叙利亚）因为希腊而爆发塞琉古战争。通过这场战争，罗马成为地中海东部及小亚细亚地区的豪强。

前172—前168

第三次马其顿战争，罗马粉碎了希腊重塑军事权威的企图，导致希腊分裂为四个附属共和国。

前155

三名哲学家卡尔内阿德斯、克里图劳斯和第欧根尼组成的使团抵达罗马，三人分别代表柏拉图派、亚里士多德派和斯多葛派。三人出使的目的是希望罗马减少对雅典的征税。

前150—前148

第四次马其顿战争，导致希腊分裂为爱琴和伊庇鲁斯两个罗马行省。

前149—前146

第三次布匿战争。罗马包围并摧毁了迦太基，占领了迦太基领土。

前146

非洲成为罗马的一个行省。

前90—前88

同盟者战争爆发，罗马由此确立了在亚平宁山脉以南意大利的统治权。

前60

“伟大的庞培”、尤利乌斯·恺撒与马库斯·李锡尼·克拉苏组成了前三头同盟。

前58—前51

通过高卢战争，恺撒获得大量权力，实力大增。

前49

自高卢返回的恺撒率领军队越过边界，进入罗马的意大利（跨过卢比孔河）。恺撒以此事实上发动了与以庞培为首的一部分元老的内战。这场内战从公元前49年持续到公元前45年。

前44

3月15日，恺撒在元老院庞培剧场被刺杀。

前44—前43

由盖乌斯·屋大维、马克·安东尼和马尔库斯·埃米利乌斯·李必达领导的元老院，与马库斯·尤尼乌斯·布鲁图斯及盖乌斯·卡西乌斯·朗基努斯领导的“解放者”爆发内战，双方曾暂时停战。

前44—前42

与解放者的第二次战争，后三头同盟取得胜利。

前44—前36

三头同盟与塞克斯特斯·庞培（庞培的儿子）爆发西西里战争，三头同盟获胜，权力天平开始倒向屋大维。

前31

亚克兴战役爆发，这是罗马共和国“最终战争”中的一部分，马克·安东尼与托勒密王朝的埃及艳后克娄巴特拉被屋大维和阿格里帕击败，安东尼与克娄巴特拉自杀，这也开辟了奥古斯都独裁之路。

前27

所谓的“第一次和解”，传统观点认为这是建立罗马帝国的时间。

前23

第二次和解，奥古斯都辞任执政官，但取得了处理国内国外大量事务的实权。

前17

奥古斯都与阿格里帕举办了世纪祭典。

## 公元后

14

奥古斯都去世（他的统治时间从公元前27年延续到公元后14年，是罗马的第一任皇帝）。继任者是提比略。

64

罗马大火（7月18—19日），尼禄借此迫害罗马的基督教徒。

68

尼禄自杀（54—68年在位），引发了罗马内战，导致出现四帝之年（69年）。苇斯巴芗（69—79年在位）胜出并建立了弗拉维王朝。

72—80

修建斗兽场。

79—81

提图斯统治时期。

80

战神广场发生大火，一直烧到了卡比托利欧山。因为这场大火，图密善统治时期大兴土木，修建了包括图密善竞技场（如今的纳沃纳广场）和万神殿（110年损毁）在内的众多建筑。

81—96

图密善统治时期。图密善被刺杀后，涅尔瓦继承了帝位。

98—117

图拉真统治时期。113年献祭了图拉真竞技场。

113

图拉真入侵安息帝国。他的继任者哈德良在118年撤兵。

117—138

哈德良统治时期。万神殿的重建工程开始于118年，同一年，蒂沃利地区也开始修建哈德良别墅。哈德良长城于122年动工，标记了罗马帝国在如今英国的边界。

132—136

巴尔·科赫巴起义（第三次犹太/罗马战争）。罗马残忍镇压了犹太行省的起义。

191

古罗马广场一带发生火灾，皇宫及和平神庙遭到损坏。

193

因为康茂德皇帝突然死亡（180—192年在位），罗马进入五帝之年，并且爆发内战。同时开启了延续了六代皇帝（193—235年）的塞维鲁王朝。

212

住在罗马帝国的所有自由民都获得了公民身份。

217

大火损毁了斗兽场，重建工程一直延续到240年。

235

亚历山大·塞维鲁遭人暗杀，引发三世纪危机。

260—274

罗马帝国分裂为三个国家：波斯图穆斯领导的高卢帝国，芝诺比阿和瓦巴拉图斯领导的帕尔米拉帝国，以及上述两个国家之间意大利的罗马帝国。奥勒良后来统一了这三个国家。

272—279

新的城墙——奥勒良城墙在奥勒良及普罗布斯统治期间开始修建。

286

在戴克里先的命令下，罗马帝国西部的首都从罗马迁至米兰（也称墨狄奥拉农）。

286—305

马克西米安以罗马帝国西部奥古斯都的身份进行统治。

293

戴克里先（284—305年在位）将罗马帝国拆分为罗马帝国西部和罗马帝国东部，并且确立了四帝共治制。戴克里先随后成为罗马帝国西部的奥古斯都。

309—312

马克森提乌斯统治期间加高了奥勒良城墙的高度。

312

米尔维安大桥战役（10月28日发生于萨克萨·鲁布拉）。

313

《米兰敕令》发布（基督教得以合法化）。

324

君士坦丁的统治范围延伸到罗马帝国东部，他统一了罗马，又一次将帝国置于一人统治之下。

319/322—329

君士坦丁修建（旧）圣彼得大教堂。

330

作为罗马帝国东部首都的君士坦丁堡奠基。

346

依据帝国法律，罗马境内禁止公开的异教崇拜。

367

罗马完美修复了致敬罗马十二天神的和谐神柱廊。

394

修复维斯塔神庙。

400（?）

农神庙得到重建，采用了早期帝国时代风格。

402—403

预见到可能会被哥特人包围，洪诺留加固了奥勒良城墙。罗国帝国首都从米兰迁至拉文纳。

408

狄奥多西二世（罗马帝国东部皇帝，408—450年在位）判定，罗马的神庙需要改修为世俗建筑。

410

西哥特国王亚拉里克一世洗劫了罗马。罗马军队撤出不列颠群岛。

435

斗兽场进行了最后一场竞技比赛。

455

汪达尔的盖萨里克国王带兵攻入罗马，造成罗马之劫。

455—476

混乱接踵而至，这段时间内罗马一共出现九位皇帝。

459

当建筑物或纪念碑被认定为不可修复后，掠夺行为（重新利用建筑材料）被合法化。

476

奥多亚塞废黜罗慕路斯·奥古斯都，结束了西罗马帝国的统治。

480

芝诺解决了罗马帝国分为东西两部分的问题，他以君主的身份重新统一了罗马（但疆域变小）。罗马在公元800年前一直归属君士坦丁堡统治。

6世纪20年代

斗兽场最后一次进行猎杀动物的娱乐活动。

527—565

查士丁尼皇帝统治时期，他试图让罗马回到全盛时代。

536

拜占庭名将贝利撒留曾经从东哥特王国手中短暂夺回过罗马。

552

查士丁尼的东罗马帝国军队攻陷罗马，赶走了来自北方的占领者——这是查士丁尼自536年以来第三次试图夺取罗马。东哥特王国（占领罗马）与东罗马帝国之间的哥特战争从535年延续至554年。

568

伦巴第入侵意大利。罗马仍属于拜占庭帝国，但被伦巴第的领土包围。

578

伦巴第包围罗马，但579年未能攻下罗马，结果基督教会在未获拜占庭皇帝提比略·君士坦丁的祝福下进行了教皇选举。

590

格列高利（也称大格列高利、圣格列高利，统治时期至604年）被选为教皇。在他的统治下，罗马的基督教被重申为整个欧洲的基督教。

593

伦巴第公爵亚里奥侵入罗马土地，但经格列高利一世的劝说未入侵罗马城。亚里奥于593/594年返回自己的领地，罗马又一次用赎金换回了和平。

609

万神殿被圣化为基督教堂，这是第一座被圣化的异教神庙。

625—638

洪诺留一世将古罗马广场上的元老院改为圣阿德利安教堂。

640

穆斯林占领耶路撒冷，使得罗马成为基督教最重要的圣城。

640

面向罗马朝圣者的第一本旅行指南诞生。

663/667

君士坦斯二世在威塔利安（657—672年）担任教皇期间访问罗马，他是最后一个前往罗马的拜占庭皇帝。

711

查士丁尼二世与教皇君士坦丁一世在君士坦丁堡会面，但未能解决帝国法律与宗教权威之间的紧张关系。

716

《教皇名录》提到了台伯河四次洪水中的一次，其他三次洪水分别发生在791年、856年和860年。

731

格列高利三世当选教皇，未获东罗马帝国确认。

753

罗马被伦巴第人包围，教皇斯德望二世协商签订了和平协议。

772

伦巴第国王狄西德里乌斯进入罗马，但罗马已经被查理曼占领，后者在774年成为伦巴第国王。

795—816

教皇利奥三世统治期间，他挑起了意识形态和政治上与君士坦丁堡的割裂。

800

圣诞节这天，查理曼被加冕为神圣罗马帝国皇帝。

817—824

在圣巴西德教堂里修建了芝诺小圣堂。

823

教皇帕斯夏一世加冕洛泰尔一世为意大利国王，创立了教皇拥有在罗马举办加冕仪式特权的先例。

824

洛泰尔一世在罗马主张皇帝的权威，他颁布了一项偏向教皇格列高利四世的法律，但却强调皇帝在市政管理及教皇选举的问题上具有确认权。

843

罗马及圣彼得之地（教皇国）成为罗马帝国（法兰克王国）的封地。

846

撒拉逊人洗劫罗马，这是围绕利奥城修建城墙的原因（利奥城墙的修建时间为846—853年）。

872

福尔图娜·维利斯神庙被圣化（872—882年之间的某个时间），这是第二座被改作基督教建筑的古代神庙。

915—924

弗留利的贝伦加尔统治时期（意大利国王，887—915年在位），教皇约翰十世为其加冕，以确保罗马免受来自南方的撒拉逊人的攻击。

962

奥托一世（大帝）由约翰十三世（在位直至1002年）加冕为神圣罗马帝国皇帝。奥托大帝在964年寻求废黜约翰十三世。

966

奥托大帝镇压了罗马城市行政长官彼得领导的叛乱。

971—981

前任教皇本笃六世死后，伪教宗卜尼法斯八世上任，神圣罗马帝国皇帝奥托三世推举本笃七世担任新教皇。

996—1002

奥托三世统治时期，开始在罗马修建皇宫。

1059

创建枢机团，这是始于11世纪50年代、止于签订《沃尔姆斯宗教协定》之间的叙任权斗争的一部分。

1075

格列高利七世声称，仅凭教皇的地位就能废黜皇帝。他在这一年的圣诞弥撒被绑架，并被囚禁于圣母大殿。1076年，他开除了亨利四世的教籍，并且废黜了亨利四世。

1080

亨利四世的军队包围了罗马，并在1083年占领了利奥城。

1084

为了从亨利四世手中解救格列高利七世，在罗贝尔·吉斯卡尔的带领下，诺曼人洗劫了罗马。

1111

亨利五世入侵罗马，由教皇帕斯夏二世加冕为皇帝。

1117

亨利五世重返罗马，逼迫帕斯夏二世流亡。

1122

教皇卡利克斯特二世与亨利五世签订《沃尔姆斯宗教协定》，结束了叙任权之争。

1130

洪诺留二世去世后发生了两次教皇选举，产生了英诺森二世和安纳克勒图二世两位教皇。阿纳克利特于1138年去世前，两人一直为各自的合法性及世俗权力而争斗。

1143/1144

罗马公社建立。

1150

卡比托利欧山上建起元老宫，1151年罗马公社第一次在那里召开会议。

1155

“巴巴罗萨”腓特烈一世拒绝了元老院加冕的提议，而是在圣彼得大教堂接受阿德利安四世的加冕。

1188

教皇认可罗马公社，克雷芒三世经谈判达成和平。

1198—1216

教皇英诺森三世统治时期，他在1215年召集了第四次拉特兰大公会议。

1208

在英诺森三世的授意下，梵蒂冈的使徒宫旁边开始修建一座要塞化的教皇宅邸。

1215

第四次拉特兰大公会议，会上确立了教皇至高权。

1231

洪水损毁了2世纪重建的埃米利乌斯桥，这座桥如今保留了残缺的状态，被称为断桥（*Ponte Rotto*）。

1257

有记录显示，卡比托利欧山上开始修建新的元老宫。

1277

按照尼古拉三世的命令，教廷宗座与罗马主教宗座从拉特兰宫迁至梵蒂冈及（旧）圣彼得大教堂。

1300

教皇卜尼法斯八世宣布进行第一个大赦年，重启世纪祭典传统。

1302

卜尼法斯八世颁布《独一至圣》诏书（直接针对法国国王菲利普四世），要求世俗统治者服从教皇。菲利普四世在1303年被开除教籍，法国被迫与科隆纳家族合作，以便废黜教皇（卜尼法斯八世在那一年过完前去世）。

1308

拉特兰圣约翰大教堂因失火而遭到严重损毁。

1309

克雷芒五世将罗马教廷迁至阿维尼翁。

1347

科拉·迪·里恩佐叛乱并自封保民官（5—12月）。

1361

拉特兰圣约翰大教堂再次因失火而遭到损毁。

1377

格列高利十一世将教廷迁回至罗马，结束了教廷的阿维尼翁时代。

1378—1417

天主教会大分裂，教皇出现了两条不同的继承线（罗马与阿维尼翁）。

1390

乌尔班六世（提前）进行大赦年活动，以庆祝教廷重回罗马。

1417

马丁五世（1417—1431年）当选教皇，他在1420年返回罗马。这次选举发生在康斯坦茨大公会议（1414—1418年）期间。

1423

马丁五世宣布进行大赦年庆典，以纪念天主教大分裂的终结、教会治理再次稳定以及教廷回归罗马等事件。

1447

尼古拉五世当选教皇，他的在位时间延续到1454年。

1450

尼古拉五世宣布大赦年，罗马教廷成为罗马的管理机构。教廷的职责大幅扩大，开始负责市政设施的管理与建造工程。

1452

腓特烈三世由尼古拉五世加冕为神圣罗马帝国皇帝，这是此类加冕活动最后一次在罗马进行。

1453

重修莫斯特拉（*mostra*），日后成为特莱维喷泉。奥斯曼帝国在苏丹穆罕默德二世统治期间包围并攻陷君士坦丁堡。自封保民官的斯特凡诺·波尔卡里（骄傲的斯特凡诺）起兵反抗尼古拉五世的统治，失败后被处决。

1471—1484

出身罗韦雷家族的西斯克特四世担任教皇，他的成就包括修建梵蒂冈图书馆（1471—1475年）和使徒宫里的西斯廷小教堂（1473—1483年）。

1492—1503

波吉亚家族的教皇亚历山大六世在位期间。

1506

新圣彼得大教堂奠基。

1508—1512

受教皇尤里乌二世（1503—1513年在位）委派，米开朗琪罗绘制西斯廷小教堂的屋顶。

1517

马丁·路德在维滕贝格的教堂大门上贴上了《九十五条论纲》，这是引发宗教改革的重要事件。

1527—1528

神圣罗马帝国皇帝查理五世的军队洗劫罗马。

1534

查理五世进入罗马，从教皇保罗三世手中领取圣餐，消除了神圣罗马帝国与教廷之间的敌意，同时修复了1527年罗马之劫时造成的伤害。

1538

英格兰国王亨利八世被法尔内塞家族的教皇保罗三世开除教籍，后者的在位时间为1534—1549年。

1540

耶稣会的圣依纳爵堂奠基。

1563

特兰托大公会议（1545—1563年）结束。

1575

圣菲利普·内里祈祷会成立，其主教堂由弗朗切斯科·博罗米尼设计（1637—1650年）。

1585—1590

教皇西斯克特五世在位，这一时期，教堂、沟渠、方尖碑、新主干道等公共建筑得到大规模发展，同时也修复了很多具有重要意义但年久失修的建筑。

1600

焦尔达诺·布鲁诺被处决（鲜花广场上有他的纪念雕像）。

1618—1648

三十年战争。

1623—1644

巴贝里尼家族的乌尔班八世在任教皇期间，他将伽利略传召至罗马，要求他放弃科学研究。

1644—1655

潘菲利家族的英诺森十世在任教皇期间，他开发了纳沃纳广场地区，委任贝尼尼设计了一个喷泉，让博罗米尼为圣天使城堡设计了新的正立面。

1655—1667

基吉家族的亚历山大七世在任教皇期间，见证了新教堂、街道和公共广场的修建工程。

1666

罗马法兰西学院奠基。

1702

圣路加学院举办公共建筑、纪念碑和广场的学生设计比赛。

1725

弗朗切斯科·德·桑克提斯设计的西班牙阶梯完工。

1732—1772

设计并修建特莱维喷泉。

1738—1748

受本笃十四世委托，詹巴蒂斯塔·诺利为制作《罗马大地图》调研并准备。

1754—1765

法国画家休伯特·罗伯特（1733—1808年）在罗马生活。

1776—1789

爱德华·吉本出版《罗马帝国衰亡史》。

1798—1799

罗马共和国成立，迫使教皇庇护六世流亡。

1809

法国吞并教皇国后，庇护七世流亡。

1846

庇护九世当选教皇（1846—1878年在位）。

1848

面对民众有民主诉求的叛乱，庇护九世逃离罗马。

1849

罗马共和国在2月9日宣布成立（马志尼的“第三罗马”来源于此）。7月3日，在法国的支持下，教皇国恢复统治。

1861

意大利王国成立。

1870

加里波第的意大利军队战胜教皇的军队，从庇亚门进入罗马，导致教皇国在1871年解体。

1871

罗马继都灵（1861—1865年）和佛罗伦萨（1865—1871年）后，成为意大利王国的第三个首都。

1873

罗马出台了第一份规划方案，预计城市人口将出现显著增长。

1883

基于城市迅速向之前未被开发的大片土地扩张，罗马出台了修改后的规划方案。

1909

罗马出台了新的规划方案，预计城市的开发将拓展到奥勒良城墙外。

1922

作为意大利法西斯政党的党魁（1919—1945年），贝尼托·墨索里尼（1883—1945年）当选意大利第二十七任总理（1922—1943年）。

1929

签订《拉特兰条约》，设立梵蒂冈城。

1936

因入侵埃塞俄比亚，意大利被逐出国际联盟。

1943—1944

1943年意大利向盟军投降，并以友邦身份共同对抗德国后，德军占领罗马。梵蒂冈遭到轰炸（1943—1944年）。

1948

意大利共和国成立，罗马成为首都。

1957

签订《罗马公约》，罗马借此加入欧洲经济共同体（后来的欧盟）。

1960

罗马举办第十七届奥运会。

1968

左翼军事团体与警察在罗马的建筑大学与英国学校一带爆发“朱利亚谷之战”，这是意大利1968年抗议运动中的重要事件。

1978

天主教民主党主席阿尔多·莫罗被红色旅成员杀害。

1993—2001

弗朗切斯科·鲁泰利担任市长。

1994

西尔维奥·贝卢斯科尼首次当选意大利共和国总理（他的任期分别是1994—1995年、2001—2006年、2008—2011年）。

2005

教皇约翰·保罗二世去世（1978—2005年在位）。

2007

全球金融危机爆发。2011年10月15日，罗马全城爆发针对经济形势的抗议游行。

2013

教皇本笃十六世辞任，教皇方济各随后当选。

2015

罗马市长伊尼亚齐奥·马里诺辞职（2013—2015年任市长）。

# 注 释

## 序 言

1 Jesse Benedict Carter, 'The Evolution of the City of Rome from its Origin to the Gallic Catastrophe', *Proceedings of the American Philosophical Society* 48, no. 192 (1909), 129.

## 引 言

1 Georg Simmel, 'Rome' (1898), trans.Ulrich Teucher and Thomas M. Kemple, *Theory, Culture & Society* 24, nos 7–8 (2007), 31.

2 Simmel, 'Rome', 35.

3 Simmel, 'Rome', 32–3.

4 Simmel, 'Rome', 34.

5 Sigmund Freud, *The Interpretation of Dreams*, trans.James Strachey (London:

Allen & Unwin, 1955), 194.

6 Freud, *Civilization and Its Discontents*, trans.Joan Riviere (London:The Hogarth Press and the Institute of Psychoanalysis, 1973), 7–8.

7 Freud, *Civilization and Its Discontents*, 8.

8 Georg Simmel, 'Venice' (1907), trans.Ulrich Teucher and Thomas M.Kemple, *Theory, Culture & Society* 24, nos 7–8 (2007), 44.

9 Mary Beard, 'Why Ancient Rome Matters to the Modern World' ,*Guardian* (2 October 2015), online at http://www.theguardian.com/books/2015/oct/02/mary-beard-why-ancient-rome-matters.这篇文章是*SPQR: A History of Ancient Rome* (London:Profile, 2015)一书的概述。

10 Lauro de Bosis, 'Histoire de ma mort' , *Le Soir*, 3 October 1931; *The Story of My Death*, ed. Ruth Draper (Oxford: Oxford University Press,1933), 收录于 *Fascism, Anti-fascism, and the Resistance in Italy,1919 to the Present*, ed. Stanislaus G. Pugliese (Oxford: Rowman & Littlefield, 2004, 115–19), 引自 118, 翻译时略作调整。他引用的来源是Bolton King当时出版的著作*Fascism in Italy* (London: Williams & Norgate, 1931)的意大利语翻译版。

## 第一章　与起源有关的问题

1 Virgil, *The Aeneid* (19 bc), I, trans. John Dryden, online at http://classics.mit.edu/Virgil/aeneid.html.

2 T. P. Wiseman, *Remus: A Roman Myth* (Cambridge: Cambridge University Press, 1995), xiv; 参见 54–5, 62, 76. J. E. Lendon在 'Historians without History: Against Roman Historians' , in *The Cambridge Companion to the Roman Historians*, ed. Andrew Feldherr (Cambridge: Cambridge University Press, 2009, 41–61)中为罗马的历史学者辩解。

3 Pierre Grimal, *Civilization of Ancient Rome*, trans. W. S. Maguinness (London: George Allen & Unwin, 1963), 39.

4 这里延续了Christopher Smith, 'The Beginnings of Urbanization in Rome', 在*Mediterranean Urbanization 800–600 bc*, ed. Robin Osborne and Barry Cunliffe (Oxford: Oxford University Press, 2005), 104–5; Wiseman, *Remus*, 156中的观点。

5 Christopher Smith, *Early Rome and Latium: Economy and Society c.1000 to 500 bc* (Oxford: Clarendon Press, 1996), 5.

6 Andrea Carandini, *Rome: Day One*, trans. Stephen Sartarelli (Princeton, NJ: Princeton University Press, 2011), 15.

7 这部分文字对Seth G. Bernard in 'Continuing the Debate on Rome's Earliest Circuit Walls', *Papers of the British School at Rome*[80 (2012), 13–35]一文中关于该地点、材料和建造技术的细致分析进行了总结。

8 David Watkin, *The Roman Forum* (London: Profile, 2009). 9 Amanda Claridge, *Rome: An Oxford Archaeological Guide* (Oxford: Oxford University Press, 1998; 2nd edn, 2010); Touring Club Italiano, *Guida d'Italia: Roma* (1925; Milan: Touring Club Italiano, 10th edn, 2008).

10 Walter Dennison, 'The Roman Forum as Cicero Saw It', *Classical Journal* 3, No. 8 (1908), 320.

11 Dennison, 'The Roman Forum as Cicero Saw It', 319.

12 Dennison, 'The Roman Forum as Cicero Saw It', 325.

13 Polybius, *The Histories*, Book I, online at http://penelope.uchicago.edu/Thayer/E/Roman/Texts/Polybius/1*.html.

14 Tacitus, *The Annals*, Book I, online at http://classics.mit.edu/Tacitus/annals.1.i.html.

## 第二章　罗马，世界之都

1　大部分引自 Amanda Claridge, *Rome: An Oxford Archaeological Guide*, 2nd edn (Oxford: Oxford University Press, 2010), 312–19。

2　William Smith, William Wayte and G. E. Marindin, 'Ludi' , in *A Dictionary of Greek and Roman Antiquities* (London: John Murray, 1890), online at http://www.perseus.tufts.edu/hopper/collections/.

3　Samuel Johnson, 对 *Memoires of the Court of Augustus* by Thomas Blackwell, *Literary Magazine* 1 (1756, 41)的评述。

4　Quoted in Claridge, *Rome*, 306.

5　Indra Kagis McEwen, 'Hadrian's Rhetoric I: The Pantheon' , *RES: Anthropology and Aesthetics* 24 (1993), 57.

6　Adam Ziolkowski, 'Was Agrippa's Pantheon the Temple of Mars "in Campo"? ' *Papers of the British School at Rome* 62 (1994), 261–77.

7　McEwen, 'Hadrian' s Rhetoric I' , 59–63.

8　Quoted in Tod A. Marder, 'Alexander VII, Bernini, and the Urban Setting of the Pantheon in the Seventeenth Century' , *Journal of the Society of Architectural Historians* 50, No. 3 (1991), 276.

## 第三章　中世纪

1　Ramsay MacMullen, *Constantine* (London: Weidenfeld & Nicolson,1970), 110, 转述自 Richard Krautheimer, *Three Christian Capitals: Topography and Politics* (Berkeley: University of California Press, 1983), 35。

2　Krautheimer, *Three Christian Capitals*, 26, 28–30, 36–8.

3 Richard Krautheimer, *Rome: Profile of a City, 312–1309* (Princeton, NJ: Princeton University Press, 1980), 61.

4 Krautheimer, *Rome*, 62.

5 R. H. C. Davis, *A History of Medieval Europe from Constantine to Saint Louis*, 2nd edn (London: Longman, 1988), 139–40.

6 援引自Éamonn Ó Carragain and Carol Neuman de Vegvar (eds), *Roma Felix: Formations and Reflections of Medieval Rome* (Farnham:Ashgate, 2007), 1。

7 Alan Thacker, 'Rome of the Martyrs: Saints, Cults and Relics, Fourth to Seventh Centuries', in *Roma Felix*, eds Ó Carragain and Neuman de Vegvar, 13–49; also Debra J. Birch, *Pilgrimage to Rome in the Middle Ages: Continuity and Change* (Woodbridge: Boydell Press, 1998), 92–3.

8 Caroline J. Goodson, 'Archaeology and the Cult of Saints in the Early Middle Ages: Accessing the Sacred', *Mélanges de L'école française de Rome – Moyen Âge* 126, No. 1 (2014), online at http://mefrm.revues.org/1818.

9 Krautheimer在*Rome*（187–8）一书中为20世纪罗马人熟知的古代纪念碑列出了一份目录。

10 参见Louis I. Hamilton, 'Memory, Symbol, and Arson: Was Rome "Sacked" in 1084?', *Speculum* 78, No. 2 (2003), 378–99.

11 Krautheimer, *Rome*, 150–1.

12 Krautheimer, *Rome*, 152–3.

13 James Ackerman, *The Architecture of Michelangelo* (1961; London: Pelican, 1970), 145–63.

## 第四章　回到罗马

1 Manfredo Tafuri, *Interpreting the Renaissance: Princes, Cities, Architecture*, trans. Daniel Sherer (1992; New Haven, Conn.: Yale University Press, 2006), 35–6.

2 援引自Tafuri, *Interpreting the Renaissance*, 35。

3 Tafuri, *Interpreting the Renaissance*, 36–7.

4 Maarten Delbeke, *The Art of Religion: Sforza Pallavicino and Art Theory in Bernini's Rome* (Farnham: Ashgate, 2012), 98–103.

5 Leon Battista Alberti, *On the Art of Building in Ten Books*, trans. Joseph Rykwert, Neil Leach and Robert Tavenor (Cambridge, Mass.: MIT Press, 1988), 362.

6 Valeria Cafa, 'The via Papalis in Early Cinquecento Rome: A Contested Space between Roman Families and Curials', *Urban History* 37, No. 3 (2010), 435. 还可参见Nicholas Temple, *Renovatio Urbis: Architecture, Urbanism and Ceremony in the Rome of Julius II* (London: Routledge, 2011), 27, 56–7。

7 Tafuri in Luigi Salerno, Luigi Spezzaferro and Manfredo Tafuri, *Via Giulia. Una utopia urbanistica del 500* (Rome: Aristide Staderini, 1973), 152.

8 Lex Bosman, *The Power of Tradition: Spolia in the Architecture of St Peter's in the Vatican* (Hilversum: Uitgeverij Verloren, 2004), 136–8.

9 Bosman, *The Power of Tradition*, 135–6.

10 André Chastel, *The Sack of Rome, 1527*, trans. Beth Archer (Princeton, NJ: Princeton University Press, 1983), 4.

11 Chastel, *The Sack of Rome*, 91.

12 Quoted in Chastel, *The Sack of Rome*, 106.

13 Chastel, *The Sack of Rome*, 214.

14 Nicholas V cited by Tafuri, *Interpreting the Renaissance*, 29.

15 Thomas De Quincey, *Confessions of an English Opium-Eater* (1821; London: Wordsworth Classics, 1994), 188–9.

## 第五章 意大利首都

1 Spiro Kostof, 'The Drafting of a Master Plan for *Roma Capitale*: An Exordium', *Journal of the Society of Architectural Historians* 35, no. 1 (March 1976), 5.

2 Spiro Kostof, 'The Third Rome: The Polemics of Architectural History', *Journal of the Society of Architectural Historians* 32, No. 3 (1973), 240.

3 Paul Ginsborg, *A History of Contemporary Italy, 1943–1980* (London:Penguin, 1990), 247.

4 Terry Kirk, *The Architecture of Modern Italy*, Vol. 2 (New York: Princeton Architectural Press, 2005), 148.

5 Manfredo Tafuri, 'Bianchi, Salvatore', *Dizionario biografico degli Italiani*, Vol. 10 (Rome: Istituto della Enciclopedia italiana, 1968), 174.

6 Kirk, *The Architecture of Modern Italy*, Vol. 2, 105–7, 153–5.

7 Stephanie Pilat, *Reconstructing Italy: The Ina-Casa Neighborhoods of the Post-War Era* (Farnham: Ashgate, 2014), 237, 184–94.

# 图片提供者名单

图片来源：0.1: Huey Jean Tan; 0.2: Alexandra Brown; 0.3: Opere di Giovanni Battista Piranesi, Francesco Piranesi e d' altri, Vol. 10 (Paris: Firmin Didot Freres, 1835–9), Wikimedia Commons; 0.4: Wikimedia Commons; 1.1: Manfred Heyde, Wikimedia Commons; 1.2: Rabax63, Wikimedia Commons; 1.3: Wikimedia Commons; 1.4: Jean-Pierre Dalbéra, Wikimedia Commons; 1.5: Originally published in the Classical Journal 3, no. 8 (1908); 2.1 and 2.2: Jean-Pierre Dalbéra, Wikimedia Commons; 2.3: Romualdo Moscioni, Wikimedia Commons; 2.4: Samuel H. Kress Collection, National Gallery of Art, Washington, DC, image in public domain; 3.1: Andrew Leach; 3.2: Map by Giacomo Lauro and Antonio Tempestra showing the Seven Pilgrim Churches of Rome, c. 1600. Wikimedia Commons; 3.3: Valerio B. Cosentino, Wikimedia Commons; 3.4: Metropolitan Museum of Art, New York (www.metmuseum.org); 3.5: Wikimedia Commons; 4.1: Andrew Leach; 4.2: British Museum, London © Trustees of the British Museum; 4.3: Marie-Lan Nguyen, Wikimedia Commons; 4.4, 4.5, and 5.1: Wikimedia Commons; 5.2: Cartella XIII,

119: Piante e immagini di Roma e del Lazio (Archivio Storico Capitolino), Rome; 5.3: Fotocollectie Algemeen Nederlands Fotopersbureau, Nationaal Archief, Den Haag; 5.4: Jean-Pierre Dalbéra. Wikimedia Commons.

# 名词对照表

阿布鲁佐大区　Abruzzo

阿达别墅　Villa Ada

阿尔巴尼亚广场　Piazza Albania

阿尔迪汀路　via Ardeatine

阿尔迪汀山洞　Ardeatine caves

阿尔多布兰迪尼别墅　Villa Aldobrandini

阿尔吉列图姆　Argiletum

阿尔勒王国　Kingdom of Arles

阿尔塔·塞米塔　Alta Semita

阿格里帕仓库　Horrea Agrippiana

阿格里帕浴场　Baths of Agrippa

阿根托拉图姆　Argentoratum

阿拉戈纳利斯竞技场　Circus Agonalis

阿里米努姆　Ariminum

阿里亚河之战　Battle of the Allia

阿洛布罗基斯人　Allobroges

阿梅利奥拉　Aemeriola

阿涅内河　Aniene River

阿文丁山　Aventine Hill

阿文提努斯　Aventinus

阿文提诺河岸　Lungotevere Aventino

阿文提诺街　Viale Aventino

阿雅克肖市　Ajaccio

埃拉伽巴路斯神庙　Temple of Elagabalus

*fuori le mura*

城外圣保罗大教堂　St Paul beyond the Walls/*San Pado fuori le mura*

赐福廊　Benediction Loggia

大祭司　Pontifex Maximus

大祭司团　Collegium Pontificum

大礼拜堂　Cappella Magna

大理石街　Via Marmorata

大理石体育场　Stadio dei Marmi

大那波利广场　Largo Magnanapoli

大数　Tarsus

戴克里先大迫害　Great Persecution

戴克里先浴场　Baths of Diocletian

德国学院　German Academy

帝国广场　Imperial Forums

蒂沃利　Tivoli

多里亚·潘菲利别墅　Villa Doria-Pamphili

《独一至圣》 Unam sanctam

法尔内塞宫　Palazzo Farnese

法尔内塞花园　Farnese Gardens

法尔内西纳别墅 Villa Farnesina

法尔内西纳河岸　Lungotevere Farnesina

法兰克国王　King of Francia

法兰西学院　The Académie de France

法院宫　Palazzo dei Tribunali

梵蒂冈博物馆　Vatican Museums

梵蒂冈宫　Vatican Palace

梵蒂冈平原　Campus Vaticanus

梵蒂冈山　Vatican Hill

梵蒂冈石窟　Vatican Grottos

梵蒂冈图书馆　Vatican Apostolic Library

方形罗马　Roma quadrata

菲德纳　Fidenae

菲库拉　Ficulae

费边凯旋门　Fornix Fabianus

费伦提乌姆　Ferentium

丰蒂纳利斯门　Porta Fontinalis

弗尔巴－奎阿德拉罗港　Porta Furba-Quadraro

弗拉米尼奥区　Flaminio

弗拉米尼乌斯竞技场　Circus Flaminius

弗拉米尼亚路　via Flaminia

弗拉米尼亚门　Porta Flaminia

弗拉维圆形剧场　Flavian Amphitheatre

弗留利　Friuli

伏尔甘　Vulcan

佛罗伦萨的圣约翰大教堂　Florentine church of St John /*San Giovanni dei Fiorentini*

福尔图娜·维利斯神庙　Temple of Fortuna Virilis

副司库　Vice Chamberlain

富尔维亚－艾米利亚巴西利卡　Basilica Fulvia et Aemilia

盖乌斯·塞斯提乌斯金字塔　Pyramid of Caius Cestius

冈多菲堡　Castel Gandolfo

高卢之灾　Callic Catastrophe

格列高利七世街　via Gregorio VII

格罗塔·平塔公寓酒店　via di Grotta Pinta

公共水池区　Piscina Publica

公宅　Domus Publica

共和国广场站　Repubblica

古奥勒良路　via Aurelia Antica

古渡槽公园　Parco degli Acquedotti

古罗马公民　Quirites

古罗马商铺　Tabernae veteres

古罗马私人银行　Tabernae argentariae

圭多·雷尼路　via Guido Reni

国际联盟　League of Nations

国立二十一世纪艺术博物馆　MAXXI

哈德良别墅　Hadrian's Villa

哈德良陵墓　Mausoleum of Hadrian

哈利卡纳苏　Halicarnassus

和平祭坛　Ara Pacis Augustae

赫尔齐阿纳图书馆　Bibliotheca Hertziana

赫斯提亚元老院　Curia Hostilia

黑石　Lapis Niger ( Black Stone )

红色旅　Brigate Rosse

户外集会场　Comitium

会议宫　Palazzo dei Congressi

火神祭坛　Altar to Volcanus

火神庙　Vulcanal

霍亨斯陶芬王朝　Hohenstaufen Dynasty

霍利托利乌姆广场　Forum Holitorium

INA住宅建设计划　INA-Casa

基吉宫　Palazzo Chigi

吉奥苏埃·卡尔杜齐街　via Giosuè

Carducci
吉亚科莫·马泰奥蒂桥 Ponte G. Matteotti
加尔都西会 Carthusian
加富尔街 via Cavour
加里波第街 via Garibaldi
加里波第桥 Ponte Garibaldi
嘉布遣会圣母无玷始胎堂 Santa Maria della Concezione dei Cappuccini
贾尼科洛山 Janiculum Hill
教皇大道 via Papalis
教皇法庭 Curia Apostolica
教廷铸币厂 Papal Mint
禁卫军兵营 Castra Praetoria
九月二十日街 via XX Settembre
旧政府街 via del Governo Vecchio
君士坦丁圣墓教堂 Constantinian Church of the Holy Sepulchre
君士坦丁浴场 Baths of Constantine
伽利蒙塔纳别墅 Villa Celimontana

喀斯特伦斯圆形剧场 Amphitheatrum Castrense
卡比托利欧博物馆 Musei Capitolini
卡比托利欧街 Clivus Capitolinus
卡比托利欧山 Capitoline hill
卡比托利欧神庙 Capitolium
卡俄利蒙提乌姆 Caelimontium
卡法雷利宫 Palazzo Caffarelli
卡拉卡拉浴场 Baths of Caracalla
卡拉拉 Carrara
卡梅里亚 Cameria
卡尼奈斯 Caeninenses
卡佩纳门 Porta Capena
卡普拉尼卡宫 Palazzo Capranica
卡斯特罗·比勒陀利奥站 Castro Pretorio
卡斯托尔和波吕克斯神庙 Temple of Castor and Pollux
卡瓦列里酒店 Cavalieri Hotel
凯旋大道 via Triumphalis
恺撒广场 Forum of Caesar
坎帕尼 Campani
康斯坦茨 Constance
科尔索·迪弗朗西亚大道 Corso di Francia
科尔索大道 via Del Corso
科拉·迪·里恩佐大街 via Cola de Rienzo
科勒利姆 Corlelium
科林纳 Collina

科隆纳宫 Palazzo Colonna
克劳狄亚街 via Claudia
克劳狄亚水道 Aqua Claudia
克鲁斯图美伦 Crustumerium
克鲁斯图米尼 Crustumini
克鲁西姆 Clusium
孔科耳狄亚神庙 Temple of Concordia Augusta
库尔提乌斯湖 Lacus Curtius
库里亚大会/大氏族会议 Curiate Assembly
奎里纳尔宫 Palazzo del Quirinale
奎里纳尔山 Quirinal Hill
奎里纳尔山圣安德烈教堂 Sant’ Andrea al Quirinale

拉比加纳路 via Labicana
拉丁路 via Latina
拉丁姆 Latium
拉丁人 Latins
拉丁同盟 Latin League
拉齐奥区 Lazio
拉塔路圣母堂 Santa Maria in via Lata
拉特兰大公会议 Lateran Council
拉特兰宫 Lateran Palace
拉特兰圣约翰大教堂 St John Lateran
拉维尼姆 Lavinium
拉文纳 Ravenna
老博尔戈街 Borgo Vecchio
勒班陀站 Lepanto
雷吉鲁斯湖之战 Battle of Lake Regillus
雷吉亚 Regia
雷穆利亚 Remoria ( myth. )
黎凡特人 Levantine
里米尼 Rimini
里帕河岸 Lungotevere Ripa
里佩塔港 Porta Ripetta
利奥城 Leonine City
利奥城墙 Leonine Wall
列奥纳多特快 Fiumicino
卢波库斯浮雕 Lupercal Relief
卢凯西路 via dei Lucchesi
卢克伦人 Luceres
卢孔比河 Rubicon River
卢奇娜的圣洛伦佐教堂 San Lorenzo in Lucina
鲁巴蒂诺街 via Rubattino
鲁库勒斯花园 The Republican Gardens of Lucullus
鲁图里 Rutuli

罗德岛太阳神巨像　Colossus of Rhodes
罗马第一大学　University of Rome/ *La Sapienza*
罗马电影城　Cinecittà
罗马公社　Commune of Rome
罗马国家档案馆　Tabularium
罗马教廷　Roman Curia
罗马纳人　Ramnenses
罗马文明博物馆　Museum of Roman Civilization
罗马学院　Collegio Romano
罗摩利亚　Remoria
罗慕路斯城墙遗址　Romulean Wall fragments

马尔萨拉街　via Marsala
马尔斯神庙　Temple of Mars
马格德堡　Magdeburg
马克西姆斯竞技场　Circus Maximus/Circo Massimo
马克西姆下水道　Cloaca Maxima
马拉帕尔泰别墅　Casa Malaparte
马里奥山　Monte Mario
马梅尔定监狱　Mamertine Prison
马切罗剧场　Theatre of Marcellus
马泰别墅　Villa Mattei
马志尼广场　Piazza Mazzini
玛格丽塔皇后桥　Ponte Margherita
曼弗雷多·凡蒂广场　Piazza Manfredo Fanti
曼奇尼宫　Palazzo Mancini
曼佐尼站　Manzoni
梅鲁拉纳街　via Merulana
梅塞纳斯礼堂（莱奥帕尔迪广场）　Auditorium of Maecenas (Largo Leopardi)
美第奇别墅　Villa Medici
美杜利亚　Medullia
美国哲学学会　American Philosophical Society
蒙特奇特利欧宫　Palazzo Montecitorio
蒙托里奥圣彼得修道院　San Pietro in Montorio
米尔维安大桥　Milvian Bridge
米兰达圣洛伦佐教堂　San Lorenzo in Miranda
米兰街　via Milano
密涅瓦广场　Piazza della Minerva
民族街　via Nazionale
墨狄奥拉农　Mediolanum

木盆制造商的圣卡洛教堂　San Carlo ai Catinari
《米兰敕令》　Edict of Milan

纳沃纳广场　Piazza Navona
尼禄金宫　Domus Aurea
尼普顿巴西利卡　Basilica of Neptune
念珠商街　via dei Coronari
农神庙　Temple of Saturn
努美阿　Noumea
努米迪奥·奎阿德拉罗　Numidio Quadrato
诺伦蒂姆　Norentium
诺门塔纳路　via Nomentana
诺森比亚　Northumbria

帕尔米拉王国　Palmyrene
帕拉蒂姆　Palatium
帕拉蒂纳　Palatina
帕拉蒂尼桥　Ponte Palatino
帕拉蒂尼山　Palatine Hill
帕拉蒂尼山圣塞巴斯蒂安教堂　San Sebastiano al Palatino
帕拉蒂尼山圣亚纳大西亚圣殿　Sant’Anastasia al Palatino
帕里奥利区　Parioli
帕斯奎诺广场　Piazza di Pasquino
庞培剧场　Theatre of Pompey
彭特利库斯山　Mount Pentelicus
皮埃蒙特街　via Piedmonte
皮洛士战争　Pyrrhic War
皮亚韦街　via Piave
平民会议　Plebeian Council
平民撤离　Secessio Plebis
苹丘　Pincean Hill
珀那忒斯　Penates
普拉蒂河岸　Lungotevere Prati
普拉提卡·迪马雷　Pratica di Mare

七教堂街　via delle Sette Chiese
七节楼　Septizodium
七丘节　Septimontium
奇普雷西体育场　Stadio dei Cipressi
骑兵门路　via Di Porta Cavalleggeri
铅弹时代　anni di piombo
前三头同盟　First Triumvirate
钱皮诺　Ciampino
乔瓦尼·焦利蒂街　via Giovanni Giolitti
切尔基街　via Dei Cerchi
切斯提奥桥　Ponte Cestio

让-玛丽-吉巴乌文化中心　Jean-Marie Tjibaou Cultural Centre
热那亚街　via Genova
人民广场　Piazza del Popolo
人民圣母圣殿　Santa Maria del Popolo

三世纪危机　Crisis of the Third Century
撒拉里路　via Salaria
撒拉逊人　Saracens
萨宾人　Sabines
萨克萨·鲁布拉　Saxa Rubra
萨克森　Saxon
萨莱夏尼林荫大道　Viale dei Salesiani
萨卢斯特花园（废墟）　Horti Sallustiani / Gardens of Sallust (ruins)
萨姆尼特战争　Samnite Wars
萨瓦人　Savoyard
萨维洛广场　Piazza di Monte Savello
塞勒瑞斯　Celeres
塞琉古战争　Seleucid War
塞姆罗尼亚巴西利卡　Basilica Sempronia
塞农人　Senones
塞浦路斯站　Cipro
塞斯塔里街　via Dei Cestari
塞维安城墙残段　Fragments of the Servian Wall
塞维鲁凯旋门　Arch of Septimius Severus
塞伊尼　Syene
森都里亚大会/百人团大会　Centuriate Assembly
商场河港　Emporium
神庙遗址圣母堂　Santa Maria sopra Minerva
神圣大道　via Sacra
圣阿德利安教堂　Sant' Adriano al Foro
圣阿方索·利古里教堂　Sant' Alfonso de' Liguori
圣阿涅塞教堂　Sant' Agnese in Agone
圣埃乌斯托乔教堂　Sant' Eustacchio
圣安瑟莫街　via di Sant' Anselmo
圣巴西德教堂　Santa Prassede
圣保罗门　Porta San Paolo
圣贝尔纳多-阿勒-泰尔梅教堂　San Bernando alle Terme
圣彼得大教堂　St Peter's Basilica
圣彼得镣铐教堂　San Pietro in Vincoli
圣丹尼斯修道院　St Denis

圣提奥多教堂　San Teodoro
圣方济各教堂　Church of Santa Francesca Romana
圣菲利普・内里祈祷会　Congregation of the Oratory of St Philip Neri
圣格列高利街　via Di S. Gregorio
圣葛斯默和达弥盎圣殿　Santi Cosma e Damiano
圣康斯坦齐亚大教堂　Santa Costanza
圣克雷芒教堂　Basilica of San Clemente
圣卢卡—玛蒂娜教堂　Santi Luca e Martina
圣路加学院　Accademia di San Luca
圣母大殿　Papal Basilica of Santa Maria Maggiore
圣母马利亚古教堂　Santa Maria Antiqua
圣母马利亚圆顶教堂　Santa Maria Rotonda
圣尼古拉监狱教堂　San Nicolas in Carcere
圣潘克拉齐奥街　via Di S. Pancrazio
圣撒巴圣殿　Basilica of San Saba
圣撒比纳教堂　Santa Sabina
圣撒比纳街　via Santa Sabina
圣塞西莉亚国家学院　Accademia Nazionale di Santa Cecilia
圣三一教堂　Trinità dei Monti
圣神教堂　Ospedale di Santo Spirito
圣苏珊娜教堂　Santa Susanna
圣天使城堡　Castel Sant' Angelo
圣维塔莱教堂　Basilica of San Vitale
圣维托、莫德斯托和克雷谢奇亚教堂　Santi Vito, Modestoe e Crescenzia
圣依华堂　Sant' Ivo alla Sapienza
圣依纳爵堂　Sant 'Ignazio di Loyola
圣约翰大教堂　Basilica of San Giovanni Bosco
圣约翰和保罗大教堂　Santi Giovanni e Paolo
胜利神庙　Temple of Victory
十二门徒圣殿　Santi XII Apostoli
十二铜表法　Law of the Twelve Tables
十人委员会　Decemviri
使徒宫　Apostolic Palace
世纪祭典　Secular Games/ *Ludi Saeculares*
水族馆　Aquarium
斯巴达克斯广场　Largo Spartaco

四帝共治制　Tetrarchy

四喷泉圣卡洛教堂　San Carlo alle Quattro Fontane

四殉道堂　Santi Quattro Coronati

苏宝古斯塔　Subaugusta

苏布拉　Subura

苏布拉纳　Suburana

苏布里奇奥桥　Ponte Sublicio

塔克文伊　Tarquinii

塔昆　Tarquin

塔伦图竞技庆典　Taurian Games/ *Ludi Taurii*

塔伦图姆　Tarentum

塔提恩人　Titienses

台伯岛　Tiber Island

太阳城　Heliopolis

泰巴尔迪河岸　Lungotevere Dei Tebaldi

泰斯塔西奥区　Testaccio

唐·鲍思高区　Don Bosco

陶片山　Monte Testaccio

特拉斯提弗列大街　Viale Di Trastevere

特拉斯提弗列圣母马利亚教堂　Santa Maria in Trastevere

特莱维喷泉　Trevi Fountain

特兰托大公会议　Council of Trent

特里通街　via Del Tritone

特伦蒂诺　Trentino

特米尼车站　Termini

提布提纳路　via Tiburtina

天使与殉教者圣母大殿　St Mary and the Martyrs

天坛圣母堂　Santa Maria in Aracoeli

天主教会大分裂　Western Schism

同盟者战争　War of the Allies

图拉真市场　Trajan's Market

图拉真浴场　Baths of Trajan

图密善竞技场　stadium of Domitian

屠牛广场　Forum Boarium

土斯古斯区　Vicus Tuscus

托迪诺那河岸　Lungotevere Tor Di Nona

托斯科拉纳街　via Tuscolana

托斯科拉诺区　Tuscolano

瓦勒里奥·普布利科拉路　via Valerio Publicola

万国博览会　Esposizione Universale

万人体育场　Stadio di Centomila

汪达尔人　Vandals

维尔戈胜利神庙　Temple of Victoria Virgo
维尔戈水道　Aqua Virgo
维拉布洛圣乔治圣殿　San Giorgio in Velabro
维利安山　Velian Hill
维利尔山脊　Velial Ridge
维米那勒宫　Palazzo del Viminale
维米那勒山　Viminal Hill
维纳斯和罗马神庙　Temples of Roma and Venus
维斯塔的女祭司　Vestal Virgin
维泰博　Viterbo
维特利亚街　via Vitellia
维滕贝格　Wittenberg
维托里奥·埃马努埃莱二世大道　Corso Vittorio Emanuele II
维托里奥·威尼托街　via Vittorio Veneto
维托里亚诺　the Vittoriano
维伊　Veii
维伊人　Veientes
文书院宫　Palazzo della Cancelleria
翁贝托1号隧道　Traforo Umberto I
翁布里亚大区　Umbria
五百人广场　Piazza del Cinquecento
五帝之年　Year of the Five Emperors
五月二十四日街　via XXIV Maggio
《沃尔姆斯宗教协定》 Concordat of Worms

西班牙广场　Piazza Di Spagna
西班牙阶梯　Spanish Steps
西布莉神庙　Temple of the Great Mother
西哥特人　Visigoth
西里欧山　Caelian Hill/ Monte Celio
西斯蒂纳路　via Sistina
西斯廷小教堂　chapel of Sixtus IV/ Sistine Chapel
西斯托桥　Ponte Sisto
希腊圣母堂　Santa Maria in Cosmedin
席尔瓦·阿尔西亚之战　Battle of Silva Arsia
下水道的维纳斯神殿　Sacellum Cloacinae
鲜花广场　Campo dei Fiori
鲜花街　via Florio
小阿文提诺山　Piccolo Aventino
小船街　via Della Navicella
小体育宫　Palazzetto dello Sport

协和大道 via Della Conciliazione
协和神殿 Temple of Concord
新博尔戈街 Borgo Nuovo
新教归正会 Reformed Church
新教徒墓园 Protestant Cemetery
新圣母堂 Santa Maria Nova
新长椅路 via dei Banchi Nuovi
修道院圣母堂 Santa Maria del Priorato
叙任权 Investiture Controversy

亚比奥拉 Apiolae
亚壁古道 via Appia
亚加亚人 Acheans
亚克兴战役 Battle of Actium
亚历山大城 Alexandria
演讲台 Rostra
要塞 Arx/Citadel
耶路撒冷第二圣殿 Second Temple of Jerusalem
耶路撒冷圣十字圣殿 Santa Croce in Gerusalemme
耶稣堂 Il Gesù
《伊其利乌斯法》 Lex Icilia
伊特鲁里亚人 Etruscans
伊希斯和塞拉皮斯 Isis et Serapis
意大利大道 Corso D'Italia
意大利广场 Foro Italico
意大利国家保险机构 Istituto Nazionale delle Assicurazione
意大利文明宫 Palace of Italian Civilization
音乐公园礼堂 Parco della Musica
银塔广场 Largo Argentina
尤加留斯街 Vicus Jugarius
尤娜讲座 Una’s Lecture
元老宫 Palazzo Senatorio
元老院议事堂 Curia Julia

灶神庙 Temple of Vesta
展览宫 Palazzo delle Esposizioni
战神复仇者神庙 The Temple of Mars Ultor
战神广场 Campus Martius
真理之口 Bocca della Verità
政体出版社 Polity
直街 via Recta
中世纪国家博物馆 Museo Nazionale dell’Alto Medioevo
朱庇特·费雷特里乌斯神庙 Temple of Jupiter Feretrius
朱庇特·英帝格斯 Jupiter Indiges

朱庇特神庙　Temple of Jupiter Capitolinus/Temple of Jupiter Optimus Maximus

朱利亚谷之战　Battle of Valle Giulia

朱利亚街　via Giulia

朱诺天后神庙　Temple of Juno Moneta

朱图尔纳之泉　Lacus Juturnae

祖国圣坛　Altare della Patria

祖卡里宫　Palazzetto Zuccari

# 人名对照表

阿代尔伯托 · 利贝拉　Adalberto Libera
阿德利安一世　Adrian I
阿尔巴隆加　Alba Longa
阿尔贝里克　Alberic
阿尔贝托 · 施佩尔　Albert Speer
阿尔多 · 莫罗　Aldo Moro
阿卡 · 拉伦缇雅　Acca Larentia
阿玛拉逊莎　Amalasuntha
阿梅莉亚　Amelia
阿穆利乌斯　Amulius
阿拿斯塔斯四世　Anastasius IV
阿斯卡尼俄斯 · 尤利乌斯　Ascanius Iulius
埃利奥特 · 卡斯塔特　Elliot Karstadt
矮子丕平　Pepin the Short
艾蒂安-路易 · 部雷　Étienne-Louis Boullée
艾伦 · 麦克唐纳-克雷默　Ellen MacDonald-Kramer
爱德华 · 吉本　Edward Gibbon
安德里亚 · 波佐　Andrea Pozzo
安德里亚 · 德鲁甘　Andrea Drugan
安德里亚 · 卡兰迪尼　Andrea Carandini

安德烈·查斯特尔　André Chastel

安东尼　Antonius

安东尼奥·巴贝里尼　Antonio Barberini

安东尼奥·菲利斯·卡索尼　Antonio Felice Casoni

安东尼奥·葛兰西　Antonio Gramsci

安东尼奥·腾佩斯特拉　Antonio Tempestra

安古斯·马修斯　Ancus Marcius

安焦洛·马佐尼　Angiolo Mazzoni

安杰利科修士　Fra Angelico

安纳克勒图二世　Anacletus II

安娜·德·桑蒂斯　Anna De Santis

安尼巴莱·维泰洛齐　Annibale Vitellozzi

奥多亚塞　Odoacer

奥尔西尼　Orsini

奥托大帝　Otto the Great

巴尔·科赫巴　Bar Kokhba

巴尔达萨雷·佩鲁齐　Baldassare Peruzzi

巴兹尔·斯彭斯　Basil Spence

保罗·波尔托盖西　Paolo Portoghesi

保罗三世　Paull III

贝利撒留　Belisarius

贝伦加尔　Berengar

本笃五世　Benedict V

彼得·安东·冯·范沙夫　Peter Anton von Verschaffelt

彼得·格林纳威　Peter Greenaway

彼得罗·达·科尔托纳　Pietro da Cortona

庇护二世　Pius II

波吉亚家族　Borgia

波里比阿　Polybios

波斯图穆斯　Postumus

博尔顿·金　Bolton King

卜尼法斯六世　Boniface IV

布伦努斯　Brennus

查理曼大帝　Charlemagne

查士丁尼　Justinian

大卫·沃特金　David Watkin

大茱莉亚　Julia the Elder

德拉·罗韦雷　Della Rovere

狄奥多里克大帝　Theodoric

狄奥多西　Theodosius

狄奥尼修斯　Dionysius

狄斯帕忒耳　Dis Pater

狄西德里乌斯　Desiderius

第欧根尼　Diogenes

多梅尼科·丰塔纳　Domenico Fontana

多米尼克·佩罗　Dominique Perrault

多纳托·伯拉孟特　Donato Bramante

菲利克斯三世　Felix Ⅲ

腓特烈一世　Frederick I

费德里科·费里尼　Federico Fellini

弗兰吉帕尼　Frangipani

弗朗切斯科·博罗米尼　Francesco Borromini

弗朗切斯科·德·桑克提斯 Francesco de Sanctis

弗朗切斯科·鲁泰利　Francesco Rutelli

弗朗切斯科·路易吉·费拉里 Francesco Luigi Ferrari

弗朗切斯科·罗西　Francesco Rosi

弗朗索瓦·密特朗　François Mitterrand

弗留利的贝伦加尔　Berengar of Friuli

浮士德勒　Fasutulus

福卡斯　Phocas

福斯图斯·科尔内利乌斯·苏拉 Faustus Cornelius Sulla

富兰克林·D. 罗斯福　Franklin D. Roosevelt

盖萨里克　Gaiseric

盖乌斯·弗拉米尼乌斯·尼波斯 Gaius Flaminius Nepos

盖乌斯·卡西乌斯·朗基努斯 Gaius Cassius Longinu

盖乌斯·塞姆普罗尼乌斯·格拉古 Gaius Sempronius Gracchus

盖乌斯·塞斯蒂乌斯　Gaius Cestius

盖乌斯·屋大维　Gaius Octavius

盖乌斯·尤利乌斯·恺撒　Gaius Julius Caesar

格奥尔格·齐美尔　Georg Simmel

格列高利·阿尼修斯　Gregorius Anicius

格奈乌斯·庞培乌斯·玛格努斯 Gnaeus Pompeius Magnus

古斯塔夫·德罗伊森　Gustav Droysen

可敬的比德 Venerable Bede

拉丁努斯 Latinus
拉克坦提乌斯 Lactantius
拉姆齐·麦克马伦 Ramsey MacMullen
拉涅罗 Ranierius
拉维妮娅 Lavinia
拉文纳的吉伯特 Guibert of Ravenna
莱昂·巴蒂斯塔·阿尔伯蒂 Leon Battista Alberti
莱克斯·博斯曼 Lex Bosman
兰弗兰科 Lanfranco
劳罗·德·博西斯 Lauro de Bosis
勒达 Leda
雷穆斯 Remus
雷亚·西尔维娅 Rhea Silvia
李锡尼 Licinius
理查德·克劳特海默 Richard Krautheimer
理查德·迈耶 Richard Meier
利奥·卡利尼 Leo Calini
利奥三世 Leo III
莉薇娅 Livia
卢修斯·科尔内利乌斯·苏拉 Lucius Cornelius Sulla
卢修斯·科尔内利乌斯·秦纳 Lucius Cornelius Cinna
卢修斯·欧皮米乌斯 Lucius Opimius
卢修斯·塞尔吉乌斯·喀提林 Lucius Sergius Catilina
卢修斯·塔克文·普里斯库斯 Lucius Tarquinius Priscus
卢修斯·塔克文·苏佩布 Lucius Tarquinius Superbus
卢修斯·尤尼乌斯·布鲁图斯 Lucius Junius Brutus
卢修斯二世 Lucius II
鲁思 Ruth
路德维希 Ludovisi
路易吉·莫雷蒂 Luigi Morreti
路易吉·萨莱诺 Luigi Salerno
路易吉·斯佩扎费罗 Luigi Spezzaferro
路易-亚历山大·贝尔蒂埃 Louis-Alexandre Berthier
伦佐·皮亚诺 Renzo Piano
罗贝尔·吉斯卡尔 Robert Guiscard
罗伯托·贝尼尼 Roberto Benigni
罗伯托·罗西里尼 Roberto Rossellini
洛伦佐·奎利奇 Lorenzo Quilici

洛泰尔　Lothair

马尔凯萨・维多利亚・德拉・托尔法　Marchesa Vittoria della Tolfa

马尔库斯・埃米利乌斯・李必达　Marcus Aemilius Lepidus

马尔切洛・鲁比尼　Marcello Rubini

马尔切洛・皮亚琴蒂尼　Marcello Piacentini

马尔斯　Mars

马尔腾・德尔贝克　Maarten Delbeke

马费奥・巴贝里尼　Maffeo Barberini

马可・奥勒留　Marcus Aurelius

马克森提乌斯　Maxentius

马克西米安　Maximian

马库斯・阿格里帕　Marcus Agrippa

马库斯・李锡尼・克拉苏　Marcus Licinius Crassus

马库斯・尤尼乌斯・布鲁图斯　Marcus Junius Brutus

马里奥・德・伦齐　Mario de Renzi

马里奥・弗洛伦蒂尼　Mario Fiorentini

玛丽・比尔德　Mary Beard

曼弗雷多・塔夫里　Manfredo Tafuri

米尔科・巴萨尔代拉　Mirko Basaldella

密特拉　Mithras

穆罕默德二世　Mehmed Ⅱ

纳尔尼的约翰　John of Narni

南尼・莫莱蒂　Nanni Moretti

尼古拉・萨尔维　Nicola Salvi

涅尔瓦　Nerva

努马・庞皮利乌斯　Numa Pompilius

努米托雷　Numitor

努米修斯　Numicus

欧金尼奥・蒙托里　Eugenio Montuori

尤西比乌・潘菲利　Eusebius Pamphili

帕帕拉佐　Paparazzo

帕斯夏二世　Pope Paschal Ⅱ

帕斯卡尔・波尔舍龙　Pascal Porcheron

皮埃尔・保罗・帕索里尼　Pier Paolo Pasolini

皮埃尔・查尔斯・朗方　Pierre Charles L' Enfant

皮埃尔・格里马尔　Pierre Grimal

皮埃尔・路易吉・内尔维　Pier Luigi Nervi

皮科洛米尼　Piccolomini

皮耶莱奥尼　Pierleoni

皮耶罗·皮乔尼　Piero Piccioni

珀西·比希·雪莱　Percy Bysshe Shelley

普布利乌斯·瓦勒里乌斯·普布利科拉　Publius Valerius Publicola

普林尼　Pliny

普鲁塔克　Plutarch

普路托　Pluto

普罗布斯　Probus

普洛塞庇娜　Proserpine

乔瓦尼·保罗·帕尼尼　Giovanni Paolo Panini

乔瓦尼·巴蒂斯塔·德·卡瓦列里　Giovanni Battista de' Cavalieri

乔瓦尼·巴蒂斯塔·皮拉内西　Giovanni battista Piranesi

乔瓦尼·特里斯塔诺　Giovanni Tristano

儒略二世　Julius II

萨尔瓦托雷·比安奇　Salvatore Bianchi

萨尔瓦托雷·雷贝基尼　Salvatore Rebecchini

萨米·穆萨维　Sami Mousawi

萨韦里奥·穆拉托里　Saverio Muratori

塞尔维乌斯·图利乌斯　Servius Tullius

塞克斯特斯·庞培　Sextus Pompey

塞内卡　Seneca

塞普蒂米乌斯·塞维鲁　Septimius Severus

塞萨缪尔·约翰逊　Samuel Johnson

圣米尔提亚德斯　St Miltiades

圣西尔维斯特　St Sylvester

斯德望二世　Stephen II

斯皮罗·科斯托夫　Spiro Kostof

斯特凡诺·波尔卡里　Stefano Porcari

斯特凡诺·索利马　Stefano Sollima

斯瓦比亚的康拉德　Conrad of Swabia

苏维托尼乌斯　Suetonius

塔西佗　Tacitus

特里·柯克　Terry Kirk

提比略·塞姆普罗尼乌斯·格拉古

伊塔洛·吉斯蒙迪　Italo Gismondi
依纳爵·罗耀拉　St Ignatius Loyola
因德拉·卡吉斯·麦克尤恩　Indra Kagis McEwen
因迪亚·达斯利　India Darsley
英诺森十世　Innocent X
尤金三世　Eugene Ⅲ
尤里乌二世　Julius Ⅱ
尤维纳利斯　Juvenal
约翰·德莱顿　John Dryden
约翰·济慈　John Keats
约翰·约阿希姆·温克尔曼　Johann Joachim Winckelmann
约翰十二世　John XⅡ

泽诺比乌斯　Zenobius
扎迦利　Zachary
詹巴蒂斯塔·雷佐尼科　Giambattista Rezzonico
詹巴蒂斯塔·诺利　Giambattista Nolli
詹弗兰科·米埃里　Gianfranco Mieli
詹姆斯·阿克曼　James Ackerman
詹尼·阿勒曼诺　Gianni Alemanno
芝诺　Zeno
芝诺比阿　Zenobia
朱利奥·罗马诺　Giulio Romano
朱利亚诺·达·圣加洛　Giuliano da Sangallo
朱塞佩·马志尼　Giuseppe Mazzini
朱塞佩·佩鲁吉尼　Giuseppe Perugini
朱塞佩·瓦拉迪耶　Giuseppe Valadier
朱塞佩·瓦西　Giuseppe Vasi

# 出版物及作品名称对照表

《梦的解析》 *The Interpretation of Dreams*
《文明与缺憾》 *Civilization and Its Discontents*
《比利时晚报》 *Le Soir*
《意大利的法西斯主义》 *Fascismo in Italia*
《罗马史》 *Ab Urbe Condita*
《埃涅阿斯纪》 *The Aeneid*
《伊利亚特》 *Iliad*
《早期罗马和拉丁姆》 *Early Rome and Latium*
《古罗马广场》 *The Roman Forum*
《牛津考古指南》 *Oxford Archaeological Guide*
《历史》 *Histories*
《编年史》 *Annals*
《论农业》 *Rerum rusticarum*
《君士坦丁皈依记》 *Constantine's Conversion*
《君士坦丁的一生》 *Life of Constantine*
《基督教三都》 *Three Christian Capitals*
《罗马帝国衰亡史》 *History of the Decline and Fall of the Rome*

《教皇名录》 *Liber Pontificalis*
《罗马圣地指南》 *Mirabilia Urbis Romae*
《波尔加里阴谋》 *De Pocari coniuratione*
《宗教的艺术》 *The Art of Religion*
《建筑的艺术》 *De re aedificatoria*

《偷自行车的人》 *Ladri di biciclette*
《地球之夜》 *Night on Earth*
《亲爱的日记》 *Caro Diario*
《绝美之城》 *La grande bellezza*
《甜蜜的生活》 *La dolce vita*
《宾虚》 *Ben-Hur*
《建筑师之腹》 *The Belly of an Architect*
《乡愁》 *Nostalghia*
《波吉亚家族》 *The Borgias*
《罗马风情画》 *Roma*
《罗马，不设防的城市》 *Roma, città aperta*
《城市上空的手》 *Le mani sulla città*
《蔑视》 *Le Mépris*

《古罗马战神广场》 *Il Campo Marzio dell'Antica Roma*
《救世主基督》 *Christ the Redeemer*
“阿尔法·罗密欧 GT Veloce 1975—2007” *Alfa Romeo GT Veloce 1975-2007*
《神圣天意寓言》 *Allegory of Divine Providence*
《神圣天意寓言与巴贝里尼之权》 *Allegory of Divine Providence and Barberini Power*
《现代罗马—凡西诺广场》 *Campo Vaccino*

《罗马城平面图》 *Forma Urbis Romae*/Severan Plan of Rome
《基督教徒罗马朝圣导览》 *Notitia ecclesiarum Urbis Romae*
《萨尔茨堡路线图》 Salzburg Itinerary
《艾因西德伦路线图》 Einsiedeln Itinerary
《罗马大地图》 *Piànta Grande di Roma*

守 望 思 想　　逐 光 启 航

**建筑里的罗马**

[新西兰] 安德鲁·里奇 著

傅婧瑛 译

---

策划编辑　苏　本

责任编辑　李佼佼

营销编辑　池　淼　赵宇迪

封面设计　山川制本 workshop

内文设计　李俊红

---

出版：上海光启书局有限公司

地址：上海市闵行区号景路 159 弄 C 座 2 楼 201 室　201101

发行：上海人民出版社发行中心

印刷：上海盛通时代印刷有限公司

---

开本：850mm×1168mm　1/32

印张：11　　字数：175，000　　插页：3

2023 年 5 月第 1 版　　2023 年 5 月第 1 次印刷

定价：75.00 元

ISBN：978-7-5452-1973-9 /T.1

**图书在版编目 (CIP) 数据**

建筑里的罗马 / (新西兰) 安德鲁·里奇著；傅婧瑛译. —上海：光启书局，2023

书名原文：Rome

ISBN 978-7-5452-1973-9

Ⅰ. ①建… Ⅱ. ①安… ②傅… Ⅲ. ①建筑史—罗马 Ⅳ. ① TU-095.46

中国国家版本馆 CIP 数据核字 (2023) 第 029770 号

译自 ***ROME (1st Edition)***

by ANDREW LEACH